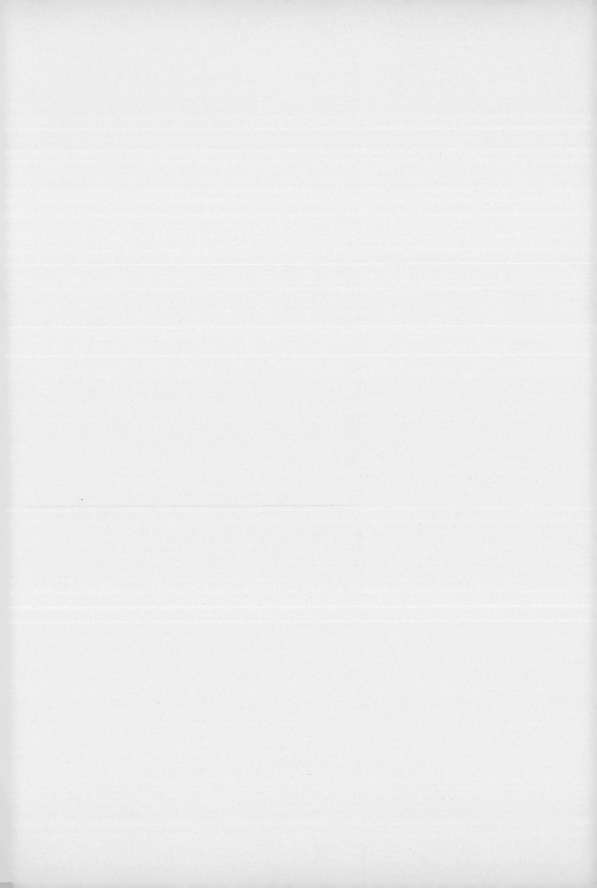

101 Cool Science Experiments

Published by Hinkler Books Pty Ltd 45-55 Fairchild Street, Heatherton, Victoria 3202, Australia
www.hinkler.com
© Hinkler Books Pty Ltd 2004, 2020

Korean language edition © 2020 by UI Books
Korean translation rights arranged with CURIOUS UNIVERSE UK LIMITED through
EntersKorea Co., Ltd., Seoul, Korea.

101가지 쿨하고 흥미진진한
과학실험 놀이

1판 1쇄 인쇄 2020년 8월 5일
1판 1쇄 발행 2020년 8월 10일

저자 헬렌 채프먼(Helen Chapman)
그림 글렌 싱글레톤(Glen Singleton)
역자 오광일
감수 정명복
펴낸이 이윤규

펴낸곳 유아이북스
출판등록 2012년 4월 2일
주소 서울시 용산구 효창원로 64길 6
전화 (02) 704-2521 **팩스** (02) 715-3536
이메일 uibooks@uibooks.co.kr

ISBN 979-11-6322-043-5 43400
값 13,800원

과학실험 놀이를 시작하면서

이 책은 여러분을 깜짝 놀라게 할 만한 간단한 실험들로 가득 차 있어요.

식초, 끈, 달걀, 종이처럼 일상적인 재료를 사용해서 신기한 현상들을 만들어 낼 수 있지요.

이런 현상들을 보면 과학이 어떻게 작동하는지, 왜 그런 현상들이 발생하는지 이해할 수 있을 거예요.

무엇보다도 이런 실험들은 재미있답니다. 여러분은 자신만의 종유석을 만들 수 있고, 달걀이 튀어 오르게 할 수도 있어요.

먹는 걸 좋아하나요? 그럼, 구운 아이스크림을 만들어 볼까요?

실험을 위해 필요한 도구들은 집 주변에서 구할 수 있어요. 빈 상자에 필요할지도 모르는 물건들을 잘 쌓아 두는 것은 참 좋은 생각입니다. 이미 사용한 병, 코르크나 끈들을 버리지 마세요. 과거에 사용했던 물건들을 다음 실험에 쓸 수 있게 상자에 잘 보관하면 좋아요.

이 책에 나오는 내용들은 여러 개구쟁이들이 방학과 주말에 실험하고, 점검하고, 개선했습니다.

레베카 채프먼(Rebecca Chapman), 올리비아 케년(Olivia Kenyon), 시바니 골디(Shivani Goldie), 캐서린 젠킨스(Katherine Jenkins), 그리고 베리티 매튼(Verity Maton) 등이 그들이에요.

그렉 채프먼 박사(Dr. Greg Chapman), 케이트 케년 박사(Dr. Kate Kenyon), 로이스 골드스웨이트(Lois Goldthwaite), 폴 매튼 박사(Dr. Paul Maton), 그리고 앤 젠킨스(Ann Jenkins) 등 실험을 도와준 여러 분들께도 감사의 말씀을 전합니다.

Helen Chapman

실험 난이도

쉬움	중간	어려움	부모님 도와주세요
			+ 

3

차례

과학실험 놀이를 시작하면서 3

기다리며 지켜보기 6
❶ 통통 튀는 달걀 ❷ 종유석 만들기 ❸ 감자의 장애물 달리기 ❹ 박테리아 구름
❺ 털이 난 공 ❻ 흔들어, 그러면 녹을 거야 ❼ 녹색으로 되는 것은 쉽지 않아

거품이 나고, 흘러내리고, 냄새가 나요 20
❽ 힘센 탄수화물 ❾ 비려 보여 ❿ 투명 잉크 ⓫ 거품이 나는 로켓 ⓬ 플로피 디스크
⓭ 거품이 생기게 해요 ⓮ 공룡처럼 먹기 ⓯ 붉은 양배추 규칙 ⓰ 뚜껑을 날려 버려요

물질 세계에서 살기 38
⓱ 더러운 손수건 ⓲ 제자리 - 준비 - 출발! ⓳ 창자야 잘 흡수하고 있지? ⓴ 양초 만들기
㉑ 줄무늬 종이 ㉒ 젤라틴 모빌 ㉓ 은을 구하라 ㉔ 회오리 ㉕ 환상적인 플라스틱

모든 물체는 떨어져요 56
㉖ 긴장감 넘치는 달걀 ㉗ 원을 그리며 날다 ㉘ 촛불이 흔들려요 ㉙ 그네 타기의 왕
㉚ 펜 뚜껑 잠수함 ㉛ 공이 툭 튀어나와요

뜨거운 것들 68
㉜ 우르르 꽝 ㉝ 핫도그 ㉞ 철 수세미의 기적 ㉟ 온도계를 만들어 봐요 ㊱ 물 분자가 움직여요
㊲ 팝콘을 튀기자 ㊳ 빙글빙글 ㊴ 비가 억수로 쏟아져요 ㊵ 30초 구름 ㊶ 고무에 열을 씌어 봐요

우리 눈 안에서 빛나는 별들 88
㊷ 여러 모습들 중 하나일 뿐이야 ㊸ 유성을 만나요 ㊹ 유성 먼지

과학의 소리 94
㊺ 빨대 오보에 ㊻ 소금을 흔들어 ㊼ 현악 합주단 ㊽ 땡! 땡! 땡!

우리 몸은 바빠요 102
㊾ 나도 감기에 걸렸어요 ㊿ 아직 살아 있지? 51 지문을 찍어요

52 동물의 눈이 우리 눈보다 더 잘 보일까? **53** "부르르르" 바람 불기
54 나는 바다코끼리예요 **55** 뱀이다! **56** 두뇌의 패턴 **57** 내 피부는 소중해! **58** 내 맥박이 진짜일까?

축축해 122
59 물로 만들어진 벽 **60** 병 안에서의 파도 **61** 방울방울 **62** 건조한 물 **63** 물에 떠 있는 클립
64 움직이는 물

과학을 먹어요 134
65 구운 아이스크림 **66** 치즈의 골절 **67** 효모균 잔치 **68** 젤리 과자 다이아몬드
69 습기를 먹는 쿠키를 만들어 볼까요? **70** 물감이 흘러나와요 **71** 아침에 철분을 먹어요

압력 아래에서 148
72 달걀 귀신은 압력을 받으면 깨질까? **73** 투명 방패 **74** 풍선 허파
75 누가 이겼지? 빨대가 이겼어요 **76** 난 할 수 있어. 너는?

이건 식은 죽 먹기야 158
77 마법 구슬 **78** 계속 가는 거야 **79** 잘 끌어당겨지나?

이게 이해가 돼? 164
80 냄새! **81** 보고도 못 믿겠어! **82** 미식가인가요? **83** 말랑말랑 뱃살 **84** 신경이 살아 있어요
85 유령 물고기 **86** 블라인드 테스트 **87** 뜨거운 것? 그렇지 않은 것?

공기와 모험을... 180
88 바람 앞에 촛불 **89** 상냥한 사과 **90** 떠다니는 공 **91** 스모그 경보

빛을 느껴 봐 188
92 어디로 숨은 거야? **93** 해가 뜨고 다시 해가 지고 **94** CD냐 CD가 아니냐 그것이 문제로다
95 거울아 거울아 **96** 구부러진 빛 **97** 북극곰의 털

와트(watt)가 뭐지? 200
98 스파크 **99** 전도체 만들기 **100** 빛이 나는 풍선 **101** 아주 놀랍군!

기다리며 지켜보기

① 통통 튀는 달걀

분야: 생물학

난이도: 쉬움

> 스카이 콩콩을 타는 달걀은 처음 보는군.

> 과학에서는 안 되는 게 없는 것 같아!

달걀은 깨지지 않고 튈 수 있을까요? 아직 하지 말고, 기다려요.
먼저 무엇을 해야 하는지 알아볼게요.

준비물:
달걀 두 개, 물, 식초,
손전등, 큰 그릇

생쥐 박사의 힌트
이 실험을 뜨거운 욕조에서 하지 말아요.
달걀이 완숙이 될지도 몰라요. 금요일(Friday)에 하는 것도
좋지 않아요. 달걀은 '프라이-데이(Fry-day)'를 싫어하거든요.

실험 방법

❶ 날달걀 한 개를 물이 담긴 유리컵에 담가요.

❷ 날달걀 한 개를 식초가 담긴 유리컵에 담가요.

❸ 달걀들이 그대로 있지요? 이제, 두세 시간 동안 그냥 가만히 두어요.

❹ 양쪽 달걀을 관찰해요. 여전히 똑같아 보이나요? 물에 담긴 달걀은 변화가 없어 보이지만, 식초에 담긴 달걀은 변화가 있네요. 껍질에서 쉬익 소리가 나기 시작했어요. 식초의 산(acid)이 달걀 껍질에 있는 탄산칼슘을 녹입니다.

❺ 자세히 보세요. 식초에 담긴 달걀에 껍질이 아직 남아 있나요? 살짝 만져 봐요. 이제 고무공처럼 변하지 않았나요?

> 살살 하라고!

6

6 양쪽 달걀을 7일 동안 그대로 두어요. 7일 후에, 식초에 담가 둔 달걀을 어두운 방으로 가져가서 손전등 불빛으로 비춰요. 무엇이 보이지요? 빛이 달걀 표면에서 튕겨 나가지 않나요?

7 달걀을 식초에서 꺼내요. 달걀을 손에 쥐고 공중에서 잠시 기다려요.

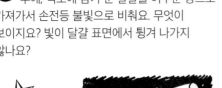

8 달걀을 떨어뜨려요. 달걀이 터져서 퍼질 것 같지요? 한번 해 봐요.

무슨 일이 생길까?

달걀이 튀어 오르네요! 조금씩 더 높은 곳에서 떨어뜨려 보아요. 얼마나 높은 곳에서 달걀을 튕길 수 있는지 살펴봐요. 물에 담겨 있던 달걀을 떨어뜨리면 무슨 일이 생길까요? 큰 그릇 위로 가져가서 손에서 놔 봅시다.

안 돼! 너무 높잖아! 그만!

왜 그럴까?

- 달걀이 식초에 있는 동안 달걀에 화학적 변화가 발생해요.
- 산성인 식초가 달걀 껍질의 탄산칼슘과 반응해요.
- 화학적 변화는 달걀 껍질을 부드럽게 만들고 나서 사라져요. 이런 현상을 '석회질 없어짐 작용'이라고 불러요.
- 물에 담긴 달걀은 화학적으로 변하지 않아요.

재미있는 사실

닭 뼈를 구부릴 수 있을 정도로 부드럽게 만들 수 있어요. 깨끗한 창사골이나 다리뼈를 식초에 푹 담가요. 그 상태로 7일간 둡니다. 뼈가 아주 부드러워졌을 거예요. 잘 구부려서 매듭을 만들어 봐요. 뼈 안에 있는 무기물들은 뼈를 강하고 단단하게 만들어요. 식초는 이런 무기물들을 없애는 역할을 합니다. 그래서 뼈가 실험에서의 달걀 껍질처럼 녹는 거지요.

식초에 발을 오랫동안 담그고 있더니… 저 친구 다리 좀 봐!

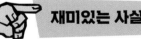

심심풀이 퀴즈

영어 단어 vinegar(식초)는 'vin'과 'aigre'이라는 두 개의 프랑스 단어로 구성되어 있어요. 'vin'은 포도주(wine)이라는 뜻이고, 'aigre'는 '맛이 시다(sour)'라는 의미라고 합니다. 식초(vinegar)는 오랫동안 사용되어 왔는데요. 얼마나 오래되었을까요?

식초(vinegar)는 기원전 5000년경에 바빌론(Babylon)에서 처음 사용되었다고 합니다.

종유석 만들기

분야: 화학

난이도: 어려움

너희 둘은 얼마나 오랫동안 이러고 있는 거야?

음… 2000년 정도…. 하지만 우리는 멋진 시간을 보내고 있어!

동굴에서 경이롭게 놀라운
기둥들을 본 적이 있나요?
그게 바로 '종유석(stalactites)'과 '석순(stalagmites)'이에요.
종유석과 석순은 오랜 시간에 걸쳐서 만들어집니다. 하지만,
우리는 겨우 몇 주면 충분해요.

생쥐 박사의 힌트

어두운 동굴에 가게 되면, 구석에 몸을 숨기고
있어 봐요. 누군가 지나가는 것 같으면, 팔짝
뛰어나가 이렇게 소리치는 거예요. "어흥!"

준비물

유리병, 베이킹 소다 또는 황산 마그네슘
(황산 마그네슘은 시간이 더 걸리지만,
더 많은 모양을 만들어 줍니다.), 숟가락,
털실(물을 푹 머금을 수 있다면 어떤 실이라도
좋아요.), 클립, 물, 접시

실험 방법

1 깨끗한 유리병을 뜨거운 물로
채워요.

2 베이킹 소다를
유리병에 잘 녹을
만큼 많이 넣어요.

3 베이킹 소다가
완전히
용해되도록 잘 저어요.

8

4 털실의 양쪽 끝을 유리병에 담가요. 털실의 끝에 무게가 나가는 것들을 붙이면 좋아요. 클립이나 연필, 작은 막대기, 못 같은 것들을 달아서 유리병 속에 잘 가라앉게 하는 거지요.

5 물방울을 모으기 위해 접시를 유리병 사이에 놓아두어요. 물방울이 접시에 떨어질 거예요.

6 털실이 유리병 사이에서 접시 위에 매달려 있어야 해요.

7 유리병들을 그 상태로 2-3주 정도 두세요. 접시 위에 자라는 것이 있을까요?

무슨 일이 생길까?

하얀 종유석이 털실에서 아래쪽으로 자라고, 석순이 접시에서 올라옵니다.

왜 그럴까?

- 베이킹 소다 혼합체가 털실을 통해서 운반됩니다. 이런 현상을 모세관 활동이라고 불러요.
- 운반된 혼합체가 접시 위로 떨어지지요.
- 며칠이 지나면 수분이 증발되고, 베이킹 소다가 남게 되지요.
- 이런 자그마한 베이킹 소다 조각들이 작은 종유석과 석순을 만드는 거예요.
- 몇 달이 지나면 종유석과 석순이 서로 만나겠지요. 그러면 여러분이 동굴에서 보는 것과 같은 기둥이 된답니다.

재미있는 사실

세계에서 가장 키가 큰 석순 중 하나가 슬로바키아에 있어요. 동굴 탐험가들이 1964년에 높이가 32.6m인 석순을 발견했어요.

위험해!

거기 위쪽에서 보는 세상은 어때?

쉼쉼풀이 퀴즈

종유석과 석순은 무엇이 다를까요?

종유석은 동굴의 천장에서 아래로 자라서 매달려 있는 길쭉한 바위 기둥이에요. 석순은 똑같아 보이지만, 동굴의 바닥에서 위쪽으로 자랍니다. 그 둘이 만나면, 큰 기둥을 만들지요. 종유석과 석순은 동굴 안으로 떨어지는 물 안에 있는 미네랄 탄산칼슘의 침전물 때문에 생기는 거예요. 이렇게 기억해 봐요. 종유석은 '동굴 천장에 종이 매달려 있네', 그리고 석순은 '석순이 바닥에 서 있네'와 같이요.

③ 감자의 장애물 달리기

분야: 생물학
난이도: 중간

다른 모든 식물들처럼 감자도 태양에서 받은 에너지를
식품 열량으로 변환시켜서 살아갑니다. 만약 어떤 물건을 이용해서
햇빛을 가리면 어떻게 될까요? 감자는 장애물을 피해서
햇빛에 다다를 수 있을 만큼 똑똑할까요?

준비물
덮개가 있는 신발 상자, 작고 하얀 싹이 나기 시작한 감자,
가위, 화분용 흙, 햇빛을 가릴 수 있는 '장애물'
(예: 작은 박스, 실꾸리, 사탕 튜브, 이유식 병 등), 햇빛

실험 방법

1 준비된 상자의 좁은 면에 동전 크기의 구멍을 냅니다.

2 상자의 구석에 화분용 흙 한 줌을 쌓아 두세요. 여러분이 만든 구멍과 반대편에 있어야 합니다.

3 감자를 흙 위에 놓습니다.

흠… 흙이 푹신하고 포근하네.

4 '장애물들'을 상자 안에 놓습니다. 박스가 작을수록 필요한 장애물 수가 적어지겠지요.

5 덮개로 상자를 닫습니다. 상자를 햇빛이 잘 드는 곳에 놓아두고 4주 동안 기다리세요.

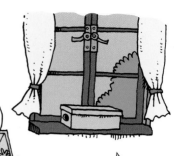

아… 눈부셔!

6 4주가 지나면 상자를 열어 보세요. 무엇이 보이나요?

신발

무슨 일이 생길까?

새싹이 스스로 햇빛을 향해 길을 찾아갑니다. 여러분이 놓아둔 장애물들을 피해서 빛이 들어오는 구멍까지 다다릅니다.

왜 그럴까?

- 식물은 빛에 민감한 세포를 가지고 있어요. 그 세포들이 식물이 어느 길로 가야 할지 알려 줍니다.
- 아주 작은 양의 빛이 상자 안으로 들어와요. 감자 새싹은 빛에 다다를 때까지 구부러져요.
- 식물은 땅속 깊이 묻혀도 항상 빛을 향해 자랍니다.
- 감자에서 막 나기 시작한 새싹은 하얀색입니다. 엽록소가 새싹을 녹색으로 만듭니다.

재미있는 사실

감자칩은 프랑스에서 1700년대부터 인기가 있었답니다. 감자칩이 아주 잘 팔리는 간식이 될 수 있었던 것은 1920년대에 발명된 감자 껍질을 벗기는 기계 때문이에요.

포테이토 칩을 만들기만 하면 부자가 될 수 있을 텐데…. 백만장자가 될 수 있을 거야. 껍질을 더 빨리 벗겨 내야 해….

감자칩

심심풀이 퀴즈

녹색으로 변한 감자를 먹는 게 왜 해로울까요?

녹색으로 변한 감자에는 독성이 있어서 너무 많이 먹으면 해로워요.

그 녹색은 솔라닌(solanine)이라고 하는 화학 물질이에요. 솔라닌은 감자를 햇빛이 드는 곳에 두면 만들어져요. 감자는 슈퍼마켓 형광등 불빛에 노출이 되어도 녹색으로 변할 수 있어요. 감자 눈에도 솔라닌이 많으니, 먹지 않는 게 좋아요. 감자 껍질을 깔 때에는 녹색으로 변한 부분은 모두 벗겨 내야 해요.

4 박테리아 구름

분야: 동물학

난이도: 중간

우리가 먹는 거의 모든 음식에는
방부제가 들어 있어요.
음식이 상하지 않게 하는 거예요.
방부제는 정말로 세균의 번식을
멈추게 할까요?

준비물

소금, 백식초, 투명 유리컵, 닭고기 국물용 덩어리 스프,
계량용 컵, 계량용 숟가락, 종이 접착 테이프,
마커(marker) 펜

실험 방법

1 닭고기 국물용 덩어리 스프 한 개를 뜨거운 물 한 컵에 녹여요.

2 스프가 용해된 물을 세 개의 유리컵에 나누어 담습니다. 각 컵에 담기는 물의 양은 같아야 합니다.

3 소금 한 스푼(티스푼)을 첫 번째 컵에 첨가합니다. 종이 접착 테이프를 이용해서 '소금'이라고 적어서 표시합니다.

소금

12

4 식초 한 스푼(티스푼)을 두 번째 컵에 첨가합니다. '식초'라고 표시해요.

6 준비된 세 유리컵들을 따뜻한 장소에 보관합니다. 2일간 그대로 두세요. 어느 컵이 뿌옇게 되나요?

이봐! 여기가 따뜻한 곳이야.

그리고, 이틀이 남았어!

5 세 번째 컵에는 '통제'라고 표시해요. 그 컵에는 아무런 방부제가 들어가지 않으니까요.

무슨 일이 생길까?

식초를 넣은 유리컵이 다른 컵들보다 더 맑을 거예요. '통제'라고 표시한 컵이 가장 뿌옇습니다.

왜 그럴까?

- 물이 뿌옇게 되는 현상은 박테리아 때문에 발생하는 거예요.
- 다른 두 유리컵에는 방부제가 들어가 있지요. 그래서, '통제' 유리컵보다 더 맑습니다. 방부제가 박테리아의 성장을 늦추니까요.
- 식초가 박테리아의 성장을 가장 잘 막은 거지요.
- 식품 방부제는 음식이 상하지 않게 도와줘요. 곰팡이와 박테리아가 자라지 못하게 하거든요.

재미있는 사실

면 행주와 셀룰로오스 스펀지에는 박테리아가 가득해요. 이런 세균들 때문에 우리가 아프게 될 수 있어요. 행주와 스펀지를 전자레인지에 넣고, 고온으로 1분만 열을 가하면 박테리아를 죽일 수 있어요.

전자레인지에서 꺼낸 뜨거운 스펀지를 소스도 없이 먹어야 하다니!

심심풀이 퀴즈

음식에 들어 있는 방부제는 몸에 나쁠까요?

대부분 사람들에게 방부제는 안전해요. 방부제에 민감하거나 거부 반응이 있는 사람들도 있기 때문에 방부제가 들어가 있는 포장 식품에는 분명하게 표시해야 해요.

5 털이 난 공

분야: 식물학

난이도: 쉬움

곰팡이가 나를 쳐다보는
눈빛이 마음에 들지 않아!

약을 만드는데 곰팡이가
도움이 될 수 있을까요?
박테리아는 전염성이 있는 웃음을
가지고 있을까요? 함께 알아봅시다.

준비물

오렌지, 레몬(혹은 다른 감귤류 과일),
과일을 담을 큰 그릇,
투명한 비닐봉지(빵 봉지), 면 뭉치

생쥐 박사의 힌트

이 실험을 할 시간이 없다면,
그냥 소파 뒤나 침대 아래를 살펴봐요.
곰팡이가 핀 음식 쓰레기가 있을지도 몰라요.

실험 방법

1 과일들을 그릇에 담아요. 하루 동안 공기
중에 그냥 둡니다.

2 비닐봉지 두 개를 준비해요. 각 봉지에
오렌지 한 개, 레몬 한 개 그리고 젖은 면
뭉치 한 개를 담아요.

3 비닐봉지 끝을 잘
묶습니다.

4 하나는 냉장고에
보관해요.

14

5 나머지 하나는 따뜻하고 어두운 곳에 두세요.

6 과일을 담은 봉지들을 밀봉해서 2주간 두어야 해요.

7 과일을 봉지 밖에서 매일 체크해 봐요.

무슨 일이 생길까?

냉장고에 보관한 과일은 변화가 없어 보입니다. 최악의 경우 조금 건조해질 거예요. 따뜻하고 어두운 곳에 보관한 과일은 푸르스름한 털 뭉치로 변합니다. 과일 바깥에 자란 솜털이 페니실린이에요.

○○○…!
굉장히 못생긴
귤이야!

왜 그럴까?

- 곰팡이는 홀씨(포자)라고 불리는 작은 세포를 만드는 균류의 한 형태예요.
- 홀씨는 먼지 입자보다도 훨씬 더 작고, 공기를 통해 떠다니죠.
- 곰팡이는 습하고 따뜻한 곳에서 더 빠르게 자라요. 그래서 여름이 되면 음식에 곰팡이가 더 잘 피는 거예요.
- 음식을 시원한 곳에 보관하면 곰팡이의 성장을 늦출 수 있어요. 음식을 얼리면 훨씬 더 오랫동안 신선하게 보관할 수 있어요.

재미있는 사실

현미경으로 보면 페니실린 곰팡이는 작은 붓처럼 생겼어요. 그림 그리는 붓(paintbrush)의 라틴어가 '페니실러스(penicillus)'예요. 이렇게 해서 페니실린이라는 이름이 생긴 거예요. 펜슬(pencil)도 같은 라틴어에서 유래했어요. 붓으로 글을 썼기 때문이지요.

이것 좀 봐! 너의 칫솔에 페니실린 말고 다른 것들이 살고 있어. 어디에 있던 거야?

내 입 안에…

심심풀이 퀴즈

어떻게 페니실린이 박테리아를 죽일 수 있다는 발견으로 이어진 걸까요?

알렉산더 플레밍(Alexander Fleming)은 우연히 페니실린을 발견했어요. 플레밍은 1928년에 박테리아를 담은 접시를 실험실에 열어 두었어요. 2주 후에 박테리아 위에서 곰팡이가 자라고 있는 것을 보았어요. 박테리아가 죽은 영역이 있다는 것을 발견했어요. 플레밍은 그 곰팡이가 박테리아를 죽이고 감염을 치료할 수 있는 화학 물질을 만들었다는 것을 알아냈어요. 페니실린은 여전히 감염에 맞서 싸우는 항생제로써 사용되고 있어요.

6 흔들어, 그러면 녹을 거야!

분야: 화학
난이도: 쉬움

> 너를 사랑해.
> 너를 바위처럼
> 사랑해!

빗물처럼 부드러운 것이 바위처럼
강한 것을 녹일 수 있을까요?

준비물
작은 유리컵, 레몬 주스, 식초, 물,
분필 세 조각

실험 방법

1 첫 번째 유리컵에 레몬 주스를
1/2만큼 채워요. 두 번째
유리컵에 식초를 1/2만큼 채워요. 세
번째 유리컵에 물을 1/2만큼 채워요.

레몬 / 식초 / 물

레몬 / 식초 / 물

2 각각의 유리컵에 분필 한 조각씩
넣습니다. 분필의 일부가 꼭
액체에 잠겨야 해요.

16

3 유리컵들이 넘어지지 않을 곳에 잘 두어요.

4 며칠이 지난 후에 유리컵들을 확인해요. 무슨 일이 생겼나요?

왜 그럴까?

- 우리가 숨을 내쉴 때 이산화탄소를 내보내요.
- 이산화탄소가 빗방울 안에 녹아들면 빗물은 자연스럽게 산성이 됩니다.
- 오랜 시간 동안 이런 산성비가 바위를 녹이고 침식시켜요.
- 실험에서 사용한 분필은 석회암이나 탄산칼슘으로 만들어져 있지요.
- 산(acid)이 석회암과 반응하면 바위가 침식되면서 부서집니다.
- 레몬 주스와 식초는 산성입니다. 산성비보다 훨씬 강해서 침식 작용이 더 빨리 발생합니다. 산성비가 수십만 년 동안 바위에 어떻게 영향을 주는지 알겠지요?

무슨 일이 생길까?

식초와 레몬 주스를 담은 유리컵에 담근 분필은 용해될 거예요.

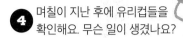

재미있는 사실

영국에 있는 유명한 도버의 흰 절벽 (White Cliffs of Dover)은 아주 많은 분필 덩어리로 만들어져 있어요. 분필은 탄산칼슘의 한 형태예요. 절벽에 기대면, 몸에 하얀 가루가 묻어납니다.

분필 절벽에 몸을 비비지 말고, 여기 자갈밭에서 동생이랑 놀아 주렴. 분필은 학교에서 칠판에 글을 쓸 때 사용하는 거야.

심심풀이 퀴즈

기자(Giza)의 대피라미드는 분필과 관련이 있을까요?

기자의 대피라미드는 석회암 덩어리로 만들어졌어요. 질 좋은 하얀 석회암은 나일강의 채석장에서 가져왔답니다. 이집트인들은 구리로 만든 끌(chisel)을 사용해서 석회암을 잘라 냈어요. 바위 표면에서 한 덩어리 한 덩어리 천천히 떼어 냈지요.

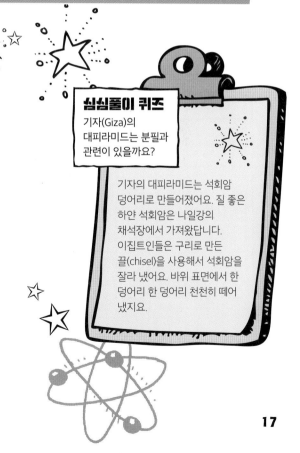

녹색으로 되는 것은 쉽지 않아

7

분야: 식물학

난이도: 쉬움

이봐 친구!
햇빛을 좀 쐬어야겠어!

잎사귀에서 생기는 녹색 활동들을 살펴보면, 녹색으로 보이는 게
항상 아파 보이는 것은 아니라는 걸 알게 될 거예요.

준비물

검은색 종이 조각, 녹색 잎을 가진 화분 식물,
가위, 클립, 테이프

생쥐 박사의 힌트

여러분이 사용할 식물은
반드시 살아 있는 것이어야 해요.
가짜 식물을 사용하면 소용이 없어요.

실험 방법

1 검은색 종이를 두 조각으로 잘라요. 식물의
잎 하나를 덮을 만큼 커야 해요.

2 샌드위치를 만들 듯이 잎의 위와 아래를
검은색 종이로 덮어요.

3 위아래를 클립으로 종이를 고정시키고, 양쪽은 테이프로 붙여요.

4 잎이 햇빛을 쬘 수 없게 해야 해요.

5 7일간 기다려요.

6 덮어 놓은 종이를 떼어 내요. 다른 잎들과 비교해서 달라 보이나요?

왜 그럴까?

- 식물은 햇빛을 받지 못하면, 엽록소를 만들 수 없어요.
- 엽록소는 잎이 녹색을 띠게 하는 화학 물질이에요.
- 햇빛이 없으면, 녹색 색소를 다 써 버리게 돼요. 녹색 색소는 잎 안에서 새로 생기지 않아요. 잎은 녹색을 잃어버리고, 결국 죽고 말아요.
- 덮어 놓은 검은색 종이를 제거하고 일주일이 지나면, 잎은 다시 녹색으로 돌아와요.

무슨 일이 생길까?

실험한 잎은 다른 잎들보다 색이 훨씬 흐려요. 이제, 그 잎을 며칠 동안 관찰해 보아요. 햇빛을 다시 받으면 무슨 일이 생길지 살펴봐요.

재미있는 사실

식물의 잎은 자연의 식량 공장이에요. 식물은 뿌리를 통해서 땅속에 있는 물을 흡수해요. 공기 중에서 이산화탄소라고 하는 기체를 들이마셔요. 식물은 햇빛을 이용해서 물과 이산화탄소를 포도당(glucose)으로 변환시키고, 포도당을 이용하여 에너지를 얻고 성장해요.

> 일주일 동안의 과학실험이 이제 끝났네. 햇빛, 물, 신선한 이산화탄소를 실컷 마셔야겠어.

심심풀이 퀴즈

바닷속 100m 아래에서 사는 녹색 식물을 찾을 수 있나요?

아니요! 녹색 식물들은 바다 표면 근처에서만 자라요. 바닷물이 깊을수록, 식물들을 찾기 어려워요. 녹색 식물들은 햇빛이 필요하기 때문이죠. 햇빛은 물속 100m가 되면 전부 사라져요. 직접 비슷한 시도를 해 봐요. 식물 하나는 햇빛이 잘 드는 곳에 두고 같은 종 식물 하나를 어두운 벽장에 7일 동안 둡니다. 벽장에 있던 식물은 색이 옅고, 시들할 거예요.

거품이 나고, 흘러내리고, 냄새가 나요

⑧ 힘센 탄수화물

분야: 화학

난이도: 쉬움

내가 맛없는 옥수수 가루처럼 보이겠지? 하지만 난 아주 놀라운 일들을 할 수 있어!

고체이면서 액체인 것이 있을 수 있을까요? 불가능할 것 같지요? 여러분 생각은 어때요?

준비물

옥수수 가루 계량용 컵, 믹싱 스푼, 반죽할 수 있는 그릇

실험 방법

1 옥수수 한 컵을 큰 그릇에 담아요.

2 1/4에서 1/2컵가량의 물을 붓고, 끈끈한 반죽이 될 때까지 섞어요.

3 가루는 고체입니다. 물은 액체예요. 그 혼합물은 고체일까요, 액체일까요?

4 사실은 둘 다예요! 손으로 그 혼합물을 치대면, 단단해질 거예요.

5 치대는 것을 멈추어요. 주먹으로 혼합물을 빠르게 때려 봐요. 단단하게 느껴지고 심지어 부서질 수도 있어요.

7 손가락들을 혼합물 안으로 서서히 밀어 넣어 봐요. 마치 혼합물이 액체인 것처럼 손가락들이 밀려 들어갈 거예요. 손을 들어 올리면, 혼합물이 손가락 사이로 흘러내리는 것이 보입니다.

6 혼합물을 살펴봐요. 여러분이 반죽을 치대는 것을 멈추면, 혼합물은 원래 모양으로 돌아갈 거예요.

무슨 일이 생길까?

현재 상태 그대로, 혼합물은 액체예요. 가루가 물에 떠 있는 거지요. 혼합물을 때리면, 물 분자가 가루의 각 알갱이 사이로 밀려 들어가요. 그래서 혼합물이 고체가 된답니다.

왜 그럴까?

- 어떤 유체(fluid) 혼합물들은 두 가지 형태를 가지고 있어요.
- 이소트로피(Isotropy)는 액체가 움직이면 고체가 되는 것을 말해요.
- 물에 젖은 모래 위를 걸을 때 이런 현상을 볼 수 있어요. 모래 위를 처음 걸을 때 모래는 발 밑에서 단단해져요. 그러다가 잠시 후에 발이 모래 안으로 가라앉으면 액상으로 변해요. 모래 위에서 달리면 단단하게 느껴지지만, 천천히 걸으면 발이 모래 표면 아래로 가라앉을 거예요.
- 틱소트로피(Thixotropy)는 이소트로피의 반대 현상입니다. 액상 혼합물이 움직이면서 더 액상으로 되는 거지요. 케첩이 나오게 하려고 케첩 병의 끝을 때리면 틱소트로피 현상을 볼 수 있어요. 때리는 힘이 일시적으로 케첩이 '흐르게' 만들죠. 케첩이 병 바닥에서 쉽게 나오겠죠.

재미있는 사실

우리가 물을 마실 때 공룡의 침을 마시고 있는 거라는 걸 아나요? 우리가 오늘 마신 물은 공룡이 마셨던 물과 똑같아요. 어떻게 그럴 수 있을까요? 글쎄요, 물 분자가 바다에서 하늘로, 땅으로 그리고 다시 바다로 가는 한 번의 순환을 마치는데 수천 년이 걸릴 수 있다고 해요.

> 물에서 약간 선사시대의 맛이 느껴지는데?

> 확실히 그래. 쥬라기 시대 맛이 약간 나는 것 같기도 해.

심심풀이 퀴즈

탄수화물은 신문과 무슨 관계가 있을까?

탄수화물은 종이 제작에서 물질을 '뭉치게' 하는 역할을 해요. 인쇄할 때 얼마나 많은 잉크가 나오게 하는지 조절하는 것은 바로 탄수화물 코팅이에요. 값싼 신문들은 탄수화물을 충분히 사용하지 않아요. 신문을 쥐고 있으면 손에 검정 물질이 묻어나는 이유랍니다.

비려 보여

분야: 동물학

난이도: 쉬움

어묵 튀김을 본 적이 있지요? 그럼, 물고기도 반지가 있다는 것을 알았나요?
물고기는 손가락이 없기 때문에 반지를 손에 끼지는 않아요.
대신에 비늘 위에 반지를 착용한다고 해요.
반지들은 물고기에 대해 알려 주기 때문에 특별해요.

준비물

다른 종류의 생선에서 채취한
지느러미(하나의 종류도 괜찮음),
어두운 색의 종이, 현미경 혹은 돋보기

생쥐 박사의 힌트

인어는 나이를 알려 주지 않아요.
그러니, 그녀의 꼬리를 지느러미를 꼬집지 말아요.
특히, 바위 위에 앉아서 노래를 부르고 있을 때 말이죠.

실험 방법

1 생선 가게에서 생선 지느러미를 수집합니다.
냉장고에 보관 중인 생선의 지느러미를
가져와도 돼요. 애완용 금붕어는 그냥 두도록 해요.

2 말린 지느러미를
어두운 색의 종이
위에 놓아요.

3 현미경으로 지느러미 위에 있는 고리 모양 무늬를 관찰합니다.

4 넓고 흐린 고리 모양의 무늬를 세어 봐요. 몇 개가 보이지요?

5 얇고 어두운 고리 모양의 무늬를 세어 봐요. 몇 개가 보이지요?

6 고리 모양의 무늬들이 물고기의 대해서 무엇을 알려 주는 것 같나요?

무슨 일이 생길까?

지느러미 위에 고리의 수는 그 물고기의 나이와 같아요. 물고기가 몇 년 동안 빠르게 성장했나요? 몇 년 동안 느리게 성장했나요?
무슨 환경적인 요인들이 이런 것을 설명할 수 있을까요?

나이테! 몇 개인지 까먹었어!

왜 그럴까?

- 물고기가 성장함에 따라서, 지느러미도 커져요.
- 지느러미의 바깥쪽 주변에 고리가 더해지면서 지느러미가 성장해요. 이런 고리 무늬들은 마치 나이테처럼 보여요.
- 지느러미는 일 년에 두 개에서 스무 개의 고리를 추가할 수 있어요.
- 고리 무늬가 많으면 성장을 더 했다는 뜻이에요.
- 작은 자리돔은 보통 몇 주 혹은 몇 달 동안 살아요. 철갑상어 같은 물고기는 50살 넘어서도 살 수 있어요.

재미있는 사실

복어 요리를 제공하는 식당들이 있어요. 복어의 일부에는 독이 있어서 요리사는 그 부분을 제거해야 해요. 매년 20명 이상이 독이 있는 부분을 먹고 사망해요.

아아아… 복어에 뜨거운 공기가 꽉 차 있네.

심심풀이 퀴즈
물고기 지느러미와 립스틱의 공통점은 무엇일까요?

생선 지느러미는 립스틱을 만드는 데 사용되어요.

지느러미는 반짝거리고 은빛이에요. 지느러미에는 진주 진액이 포함되어 있어요. 이 진액이 립스틱, 손톱 광택제, 유약에 사용되는데, 윤기가 흐르게 만들지요.

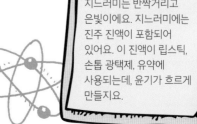

투명 잉크

분야: 화학
난이도: 쉬움

투명 잉크로 그린 그림
화가 이름: 안 보여

암호로 적은 비밀 메시지에 대해 들어 본 적이 있지요?
투명 잉크로 쓰여진 비밀 메시지에 대해서도 들어 본 적이 있나요?

준비물
레몬, 접시, 물, 티스푼,
이쑤시개, 흰 종이, 전등

생쥐 박사의 힌트
투명 잉크로 작성한 편지를 친구에게 보내면 어떨까요?

실험 방법

1 레몬즙을 짜서 접시에 담아요.

2 물 몇 방울을
레몬즙과 숟가락으로
잘 섞어요.

섞고
또 섞고

3 이쑤시개를 레몬즙 혼합물에 살짝 담가요.
너무 많이 담그면 안 돼요. 보이지 않는
얼룩이 만들어질 수도 있어요.

24

4 이쑤시개로 흰 종이에 메시지를 적어 봐요. 두꺼운 종이가 좋아요.

5 레몬즙이 마르면 메시지는 보이지 않게 돼요.

☆

6 전등 가까이에 글을 적은 쪽을 아래로 향하게 해서 종이에 열을 가해요. 부모님(선생님)의 도움을 받을 수 있다면, 난로나 촛불의 열을 이용해도 돼요. 무엇이 보이나요?

무슨 일이 생길까?

열이 가해지는 동안, 투명 잉크로 적은 글이 천천히 갈색으로 변하면서 보이게 되어요. 단어들이 종이 위에 나타나죠.

이 메시지는 더 이상 비밀이 아니야!

왜 그럴까?

- 레몬즙에는 탄소화합물들이 포함되어 있어요.
- 이 화합물들은 물에 녹아 있을 때에는 거의 색이 없어요.
- 열이 가해지면, 탄소화합물들이 쪼개지면서 검은색으로 변해요.

재미있는 사실

배터리에는 전해액(electrolyte)이라고 하는 화학 물질이 들어 있어요. 전해액은 전극들 사이에 화학 반응을 일으켜요. 그 반응이 전기를 만들죠. 이 실험에서는 레몬즙이 전해액과 같이 작용해요.

내 손전등 안에 있던 레몬이 너무 오래돼서 납작해졌네. 새 레몬으로 충전해야겠어.

심심풀이 퀴즈

레몬즙을 과일 샐러드에 뿌리면 샐러드를 신선하게 보관할 수 있어요. 어떻게 그럴 수 있을까요?

사과, 배, 바나나 같은 과일을 잘라서 공기 중에 보관하면, 색깔이 갈색으로 변해요. 잘라 놓은 과일이 공기 중에 있는 산소와 반응하기 때문에 생기는 현상이에요. 이것을 산화라고 해요. 레몬에는 비타민 C가 포함되어 있어요. 아스코르브산이라고 하는데, 과일의 화학 물질과 산소 사이의 반응을 늦추어 줍니다. 그래서 다른 과일의 색과 맛을 유지시켜 주지요.

11 거품이 나는 로켓

분야: 화학

난이도: 쉬움

화성에 도착하면 알려 줘!

거품을 만들어 내는 알약은
로켓 추진체가
에너지를 내뿜는 방식을
어떻게 보여 줄 수 있을까요?

준비물

브랜드와 모양이 같은 제산제 알약들,
물병, 지퍼 달린 비닐봉지, 초침이 있는 시계,
반죽 만드는 밀방망이, 물

실험 방법

1 유리병 두 개에
물을 반쯤
채워요. 물의 온도는
같아야 해요.

2 제산제 알약 한 개를 지퍼 달린
비닐봉지에 넣어요. 봉지를 밀봉해요.

3 비닐봉지를 작업대 위에 올려놓아요.
밀방망이로 꾹꾹 눌러서 알약을 부숴요.

26

4 부서진 알약이 담긴 봉지를 열어요. 봉지를 물병 위로 가져가서 들고 있어요.

7 알약 가루가 녹는 시간을 재어요.

8 온전한 알약을 두 번째 물병에 떨어뜨려요.

5 시계를 준비해요.

6 부서진 알약 가루를 물병 위에 부어요.

9 가루가 완전히 녹는데 걸리는 시간을 재어요.

왜 그럴까?
- 알약을 으깨어 가루로 만든 것은 알약 표면의 면적을 더 넓게 만드는 것과 같아요.
- 으깨진 알약은 물속에서 빠르게 분해될 거예요.
- 물은 가루와 즉각적으로 반응해요.
- 로켓도 같은 방식으로 작용해요.
- 로켓의 추진력은 연료의 연소 표면이 더 넓을 때 더 높아져요.

무슨 일이 생길까?
으깬 제산제 알약이 더 빠르게 녹아요.

재미있는 사실
딱딱한 사탕을 가지고 비슷하지만, 더 맛있는 실험을 할 수 있어요. 사탕 두 개를 준비하고 하나는 으깨고, 나머지 하나는 친구에게 줘요. 으깬 사탕은 우리 몫이에요. 친구와 우리 모두 사탕을 입에 넣어 볼까요? 사탕을 깨물지는 마요.
사탕을 입 안에서 녹여 봐요. 누구의 사탕이 먼저 녹을까요?

제자리에… 준비… 꿀꺽!

심심풀이 퀴즈
우주왕복선이 어떻게 이륙할까요?

미국의 우주왕복선에는 두 개의 고체 연료 로켓 부스터가 있어요. 이 부스터들은 주엔진에 추진력과 가속력을 증가시켜서 우주왕복선이 우주로 잘 날아가도록 도와줍니다. 2분이 지나면 고도 38km에서 부스터들이 분리되고 바다로 떨어지고, 떨어진 부스터들은 나중에 재활용됩니다.

12 플로피 디스크

분야: 컴퓨터 과학

난이도: 어려움 + 부모님 도와주세요

부모님께 플로피 디스크가 무엇인지 여쭤봐요.
이제, 그 안에 무엇이 들어 있는지 함께 알아봅시다.

준비물

3.5인치 플로피 디스크, 버터 칼, 연필, 편지지(인쇄용 종이)

실험 방법

1. 플로피 디스크 하나를 준비해요. 그 안에 중요한 정보가 있는지 확인해야 해요.

2. 디스크의 겉면을 살펴봐요. 어떤 특이한 부분을 찾을 수 있나요?

3. 버터 칼을 이용해서 직사각형 모양의 금속 덮개를 열어 봐요. 금속 덮개는 디스크의 한쪽 끝을 감싸고 있어요. 덮개를 벗겨 냅니다.

4. 버터 칼을 디스크의 한쪽 틈에 끼어 넣어요. 조심스럽게 디스크 덮개를 둘로 쪼개어 분리시켜요. 디스크를 홱 잡아서 떼면 덮개가 열리지 않게 잡고 있는 스프링을 잃어버릴 거예요. 디스크 덮개의 구석에 있는 플라스틱이 부서지거나 쪼개져도 걱정하지 말아요.

5. 디스크의 두 면이 똑같아 보이나요? 어떤 부속품이 보이나요? 더 진행하기 전에 보이는 것들에 대해 기록하거나 그림을 그려 두도록 해요.

무슨 일이 생길까?

3.5인치 플로피 디스크를 분해하면 정사각형 모양인 플라스틱 두 개를 갖게 됩니다. 플라스틱 덮개는 작은 부속품들을 보관하는 기능을 하죠. 디스크의 모든 부속품들을 볼 수 있습니다.

금속 덮개

스프링

플라스틱 케이스

플라스틱 케이스

고리 모양의 종이 덮개

플라스틱 판

허브 고정 금속

고리 모양의 종이 덮개

왜 그럴까?

- 금속 덮개는 디스크의 한쪽 끝을 덮고 있어요. 컴퓨터 안에서 덮개가 미끄러지듯이 열립니다. 컴퓨터는 직사각형 모양의 틈을 통해서 디스크에 있는 정보를 읽습니다.
- 금속 덮개는 자기 디스크 위에 먼지나 지문이 묻지 않게 하는 거지요.
- 동그란 플라스틱 조각이 자기 디스크예요. 산화철로 덮여 있고 자성을 띱니다. 디스크에 정보를 저장하면 기록 헤드가 산화철 위에 자성 무늬(magnetic pattern)를 만들죠. 그 무늬가 정보를 저장합니다.
- 허브는 자기 디스크의 금속으로 된 중심부를 말해요. 컴퓨터 내부의 스핀들(spindle)이라고 하는 작은 막대들에 딱 맞게 걸립니다. 디스크가 회전하는 동안 디스크를 제자리에 잡아 둡니다.
- 고리 모양의 흰 종이 두 장이 자기 디스크를 감싸고 있어요. 디스크를 청소하고 작은 먼지 조각들을 제거합니다.
- 작은 직사각형 플라스틱은 쓰기 방지용 탭이에요. 움직이면 정사각형의 틈이 보이죠. 그 틈이 열리면, 디스크는 잠기게 돼요. 여러분은 디스크 안에 아무것도 바꿀 수 없어요.

재미있는 사실

비디오는 플로피 디스크와 비슷해요. 쓰기 방지용 탭을 바깥으로 당기면 테이프 위에 있는 것들 위에 녹화할 수 없어요. 비디오도 종이나 천 조각과 스프링을 가지고 있어요. 테이프가 돌아가는 동안 테이프를 깨끗하게 해 줘요.

엄마… 결혼식 비디오를 깨끗하게 청소했어요. 칭찬해 주세요.

심심풀이 퀴즈

플로피 디스크라는 이름이 왜 붙었을까요?

'플로피(floppy)'라는 별명은 디스크가 유연해서 생겨났어요. floppy는 헐렁하다는 뜻이거든요.

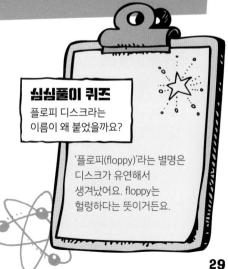

13 거품이 생기게 해요

분야: 화학

난이도: 중간 + 부모님 도와주세요

우리 모두 소화기를 본 적이 있을 거예요.
소화기는 불에게 필요한 한 가지인 산소를 없애는 기능을 해요.
우리만의 소화기를 만들어 볼까요?

준비물

양초, 키가 큰 유리병이나 유리컵, 짧은 생일 케이크용 양초,
베이킹 파우더(베이킹 소다가 아님), 성냥, 숟가락, 식초

실험 방법

이 실험은 부모님(선생님)과 함께 해야 해요.

1 부모님(선생님)이 양초에 불을 붙여 주세요.

2 유리병 바닥에 촛농을 떨어뜨리고, 바람을
훅 불어서 촛불을 꺼요.

3 생일 케이크용 양초를 촛농에 붙여서 똑바로
세워요. 양초의 끝은 유리병 입구
테두리보다 아래에 떨어져 있어야 해요. 그러니까
유리병이 양초보다 키가 커야만 해요.

4 베이킹 파우더를 유리병 안으로 수북하게 쌓아요. 파우더는 불꽃에서 가능한 한 멀리 떨어져 있어야 해요.

5 약간의 식초를 살살 부어 넣어요. 베이킹 파우더가 쉬익 소리를 내면서 터질 정도의 양이어야 해요. 촛불에 무슨 일이 생겼나요?

무슨 일이 생길까?

시간이 조금 지나면, 촛불은 꺼져요.

왜 그럴까?

- 베이킹 파우더와 식초를 섞으면 이산화탄소가 만들어져요.
- 불꽃은 산소를 태우지만, 이산화탄소를 쉽게 태우지 못해요.
- 이산화탄소는 대기(atmosphere)를 구성하는 다른 기체들보다 더 무거워서 유리병 바닥으로 가라앉아요.
- 충분한 양이 만들어지면, 불꽃이 있는 높이까지 다다라요.
- 양초가 더 이상 산소와 반응할 수 없어서 꺼지게 돼요.

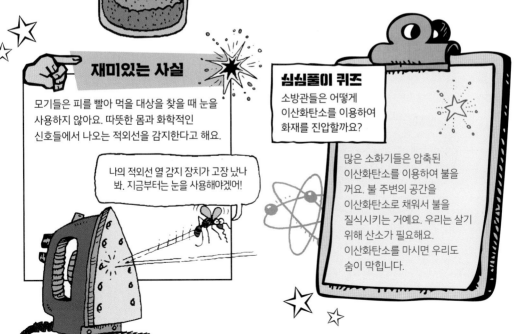

재미있는 사실

모기들은 피를 빨아 먹을 대상을 찾을 때 눈을 사용하지 않아요. 따뜻한 몸과 화학적인 신호들에서 나오는 적외선을 감지한다고 해요.

나의 적외선 열 감지 장치가 고장 났나 봐. 지금부터는 눈을 사용해야겠어!

심심풀이 퀴즈

소방관들은 어떻게 이산화탄소를 이용하여 화재를 진압할까요?

많은 소화기들은 압축된 이산화탄소를 이용하여 불을 꺼요. 불 주변의 공간을 이산화탄소로 채워서 불을 질식시키는 거예요. 우리는 살기 위해 산소가 필요해요. 이산화탄소를 마시면 우리도 숨이 막힙니다.

공룡처럼 먹기

분야: 생물학

난이도: 쉬움

나뭇가지에 바위 한 바구니를 곁들이는 거는 어때?

초식 공룡들은 왜 돌을 삼키고는 했을까요?
실험으로 이유를 알아보아요.

준비물

두 개의 둥근 돌이나 자갈,
나뭇잎, 플라스틱 그릇, 가위,
티스푼, 물

생쥐 박사의 힌트

돌을 삼키는 것은 매우 위험해요.
절대로 삼키면 안 돼요.

실험 방법

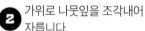

1 작은 나뭇잎 여섯 개를 플라스틱 그릇에
담아요.

2 가위로 나뭇잎을 조각내어
자릅니다.

3 물 1/4스푼을 더해요.

4 돌을 두 손에 쥐고 나뭇잎을 돌 사이에 넣고 갈아요.

브라키오사우르스가 점심 식사를 하는 것 같군!

무슨 일이 생길까?
물이 녹색으로 변해요.

끄억~

왜 그럴까?
- 이것은 공룡의 위장에서 발생하는 일이에요.
- 공룡이 돌을 삼키면 위결석(gastroliths)이 되고 공룡이 나뭇잎을 먹는 것을 도와줘요.
- 그 돌들이 잎사귀의 먹을 수 있는 부분을 내보내면 위장 안에 있는 박테리아가 음식을 썩게 만들어요. 공룡이 저녁 식사를 잘 할 수 있도록 도와주는 거예요.

재미있는 사실

찰흙과 깃털이나 나뭇잎을 이용해서 화석을 만들 수 있어요. 밀방망이로 찰흙을 밀어서 납작하게 만들어요. 깃털이나 나뭇잎을 있는 힘껏 찰흙 안으로 눌러서 고정시켜요. 깃털을 제거합니다. 찰흙 안에 깃털이 보존되어 있는 것이 보일 거예요.

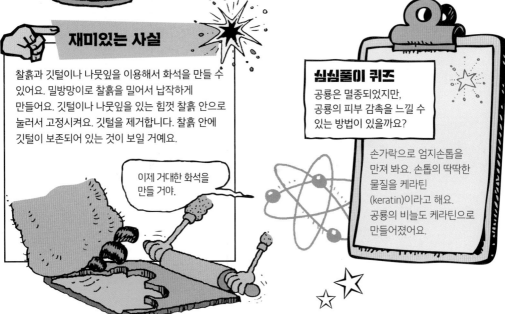

이제 거대한 화석을 만들 거야.

심심풀이 퀴즈
공룡은 멸종되었지만, 공룡의 피부 감촉을 느낄 수 있는 방법이 있을까요?

손가락으로 엄지손톱을 만져 봐요. 손톱의 딱딱한 물질을 케라틴(keratin)이라고 해요. 공룡의 비늘도 케라틴으로 만들어졌어요.

15 붉은 양배추 규칙

분야: 화학

난이도: 어려움 + 부모님 도와주세요

네가 왕이라는 거지? 그냥 양배추로 보이는데!

난 양배추 나라의 왕이다!

지시약은 산성이나 염기성 물질이 더해지면
색깔을 변화시키는 화학 물질이에요.
지시약을 손수 만들어 봐요. 다른 물질들을 측정하는 방법을 배워 봐요.

준비물 ☆

작은 붉은 양배추, 강판, 그릇, 물, 냄비,
주전자, 체(거르개), 종이 타월/커피 필터,
하얀 종이, 색연필, 시험할 용해액(레몬즙,
오렌지즙, 식초, 우유, 수돗물, 비눗물,
요구르트), 유리/종이컵

생쥐 박사의 힌트

지시약 조각에 곰팡이가 피지 않게 하려면
비닐봉지에 담아서 얼려요.
비닐봉지에 표시하는 것을 잊지 말아요.
안 그러면, 양배추 맛 얼음 캔디를 빨게 될 거예요.

실험 방법

1 붉은 양배추 1/2을 강판에 갈아요. 간 양배추를 물이 담긴 그릇에 몇 시간 동안 앉혀 두어요. 양배추를 냄비로 옮겨요. 냄비에는 물이 양배추를 덮을 정도 있어야 해요. 부모님(선생님)께 부탁해서 물이 어두운 보라색이 될 때까지 20-30분 정도 끓여요.

2 양배추 물을 식힌 후에 체로 걸러 내어 유리병에 물을 담아요.

3 종이 타월을 잘라서 5cm 길이의 조각을 준비해요.

4 종이 조각들이 푸르스름한 보라색이 될 때까지 붉은 양배추 물에 푹 담가요.

5 젖은 종이 조각들을 작업대 위에 평평하게 놓고 말려요. 이렇게 지시약 조각들이 준비되었네요.

6 용해액들을 개별 종이컵에 담아요.

7 지시약 종이 조각들을 용해액에 담가요.

8 연필과 종이를 이용해서 지시약 종이 조각이 어떤 색으로 바뀌는지 기록해요.

9 그림을 그리거나, 종이의 색깔을 변하게 만든 용해액의 이름을 적어요.

10 각각의 용해액이 지시약 종이의 색을 다른 색으로 변하게 했다는 것을 보여 주는 차트를 만들어요.

무슨 일이 생길까?

양배추 물은 간단한 pH 테스터예요. 양배추 물이 산성과 염기성에서 무슨 색으로 변하는지 알면 다른 용해액을 시험하는 데에도 사용할 수 있어요.

왜 그럴까?

- 붉은 양배추는 산성과 염기성에 다르게 반응하는 색소를 가지고 있어요.
- 지시약 종이를 (테스트하고 싶은) 물질에 담그고 몇 분 기다리면, 색깔이 나타날 거예요.
- 지시약 종이들은 산성에서는 주황색으로, 중성에서는 녹색으로, 염기성에서는 남색으로 변할 거예요.

심심풀이 퀴즈
pH 척도란 무엇일까요?

과학자들은 pH 척도를 발명했어요. 어떤 물질이 얼마나 산성인지 알려 주지요. pH척도는 1에서 14까지 있어요. pH 1은 아주 산성이고 pH 14는 아주 염기성이에요. pH 7은 척도의 중간이고 어떤 물질이 중성이라는 의미지요.

16 뚜껑을 날려 버려요

분야: 화학

난이도: 중간

오오! 두통이 아주 심하겠어!

실제 화산이 폭발하는 것을 본 적이 있나요?
직접 만들어 볼까요? 그게 훨씬 더 안전해요.

준비물 ☆

밀가루, 소금, 식용유, 물, 큰 그릇,
깨끗한 플라스틱 음료수 병, 빵 굽는 팬,
식품 착색료(빨간색이 보기에 좋아요.),
액체 세제, 베이킹 소다, 식초, 물

생쥐 박사의 힌트

지저분한 실험이 될 거예요.
누가 청소할지를 확실히 정해요.
강아지가 지저분한 것들을 핥아 먹지 못하게 해요.

실험 방법

1 밀가루 여섯 컵, 소금 두 컵, 식용유
네 스푼(티스푼), 물 두 컵을 큰 그릇에
섞어요.

2 재료들이 부드럽고 잘
섞일 때까지 손으로 잘
주물러요. 필요하면 물을
추가해도 돼요.

3 빵 굽는 팬에 음료수
병을 세워 놓아요.

4 소금이 들어간 반죽으로 음료수 병 주변을 덮어서 틀을 짜요. 음료수 병 입구를 막거나 반죽을 병 안으로 떨어뜨리면 안 돼요. 여러분이 원하는 대로 화산을 만들 수도 있고, 그냥 있는 그대로 두어도 괜찮아요.

6 식품 착색료 방울을 음료수 병 안에 떨어뜨려요. 원하는 색깔이 될 때까지요.

7 음료수 병 안으로 액체 세제 여섯 방울을 짜 넣습니다.

8 베이킹 소다 두 스푼(티스푼)을 더해요.

5 음료수 병을 따뜻한 물로 거의 꼭대기까지 채워요.

9 식초를 음료수 병 안으로 천천히 부어요. 그리고 재빨리 뒤로 물러서요. 무슨 일이 생길까요?

무슨 일이 생길까?

용암이 여러분이 만든 화산 밖으로 흘러나옵니다.

지금 베수비오 화산이 분출하고 있음!

왜 그럴까?

- 베이킹 소다와 식초를 섞으면 화학 반응이 일어나요.
- 화학 반응이 생기면 화학적으로 다른 물질로 변해요.
- 모든 화학 반응들은 원자들 사이의 결합을 만들거나 파괴하는 것들에 관한 것이에요. 원자들 사이에서는 이산화탄소 기체가 만들어지는데 실제 화산에서 터져 나오는 것과 똑같은 기체예요.
- 기체 거품이 음료수 병 안에서 만들어져요. 거품들이 액체 '용암' 혼합물을 위로 밀어내서 화산 입구로 나오게 해요.

재미있는 사실

장기적으로 화산 분출은 우리에게 도움이 돼요. 화산 물질들이 흘러나와서 토양을 비옥하게 변화시켜요.

옙! 이곳은 농사 짓기에 좋은 곳이 될 거야…. 백만 년 정도 지나면 말이지.

심심풀이 퀴즈

화산을 뜻하는 'volcano'(볼케이노)라는 영어 단어는 어디에서 유래했을까요?

'volcano'라는 단어는 이탈리아 시실리 근처에 있는 Vulcano(불카노) 섬에서 유래해요. 100년 전에 그 지역 사람들은 Vulcano 섬이 불카누스(Vulcan)의 대장간 굴뚝이라고 믿었어요. 불카누스(Vulcan)는 로마 신들의 대장장이랍니다.

물질 세계에서 살기

⑰ 더러운 손수건

분야: 화학

난이도: 쉬움

주름진 감자칩을
먹어 볼래?

기꺼이!

힘이 솟나요? 여러분이 먹는
감자 때문일 수도 있어요.
어떻게 그럴 수 있는지 볼까요?

준비물
큰 감자, 채소 껍질을 벗기는 칼, 도마, 강판,
크고 깨끗한 손수건, 재료를 섞을 작은 그릇, 물

실험 방법

① 부모님(선생님)이 도와주세요. 큰 감자
세 개의 껍질을 벗기고 도마 위에 강판으로
갈아요.

③ 간 감자를
손수건 안에
담아서 잘 싸매요.

④ 손수건을 물에 담가요. 손수건을 그릇
위에서 아주 꽉 짜요.

② 그릇의 반을 물로 채워요.

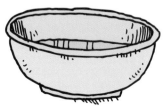

5 손수건을 물 안에 계속 담그고 꽉 짜내요. 그렇게 다섯 번 정도 해요. 물에 무슨 일이 생기나요? 아주 뿌옇지요?

6 물을 한 시간 동안 그릇에 그냥 두어요.

7 그릇의 바닥에 하얀 가루가 가라앉은 게 보이나요?

8 하얀 가루 위에 있는 물을 가능한 한 많이 조심스럽게 덜어 내요. 가루는 두 시간 동안 마르게 두어요. 무엇이 만들어졌나요?

무슨 일이 생길까?

여러분이 만든 가루는 탄수화물이에요.

왜 그럴까?

- 식물과 동물은 당분을 저장하기 위해 탄수화물을 만들어요.
- 감자, 쌀, 보리, 밀에는 탄수화물이 많이 들어 있어요.
- 탄수화물이 많이 포함된 음식을 먹으면 소화액의 화학 물질이 탄수화물을 몸에서 에너지로 사용할 수 있는 당으로 변화시켜요.
- 옷감에 탄수화물을 칠해서 옷감에 무게를 주고 부드럽게 만들기도 해요. 우리가 만든 탄수화물은 옷을 다릴 때 이런 식으로 사용될 수 있어요.

재미있는 사실

소다 크래커는 밀가루, 물 그리고 베이킹 파우더로 만들어져요. 밀가루는 탄수화물이에요. 설탕은 들어가지 않아요. 크래커를 씹으면서 입 안에 5분 정도 물고 있으면 크래커의 맛이 변해요. 침 안의 특별한 화학 물질이 녹말 사슬의 연결을 부수면 설탕 분자가 흘러나와요.

소다 크래커의 다른 반쪽을 일주일 넘게 입 안에 물고 있었는데… 확실히 변화가 있는 것 같아.

사실은 이게 기어 나오려고 해!

심심풀이 퀴즈

탄수화물과 접착 풀은 무슨 관계가 있을까요?

접착 풀의 주요 재료는 탄수화물과 물이에요. 탄수화물은 천연 고분자(결합제)라서 좋은 접착제입니다.

제자리 - 준비 - 출발!

분야: 생물학

난이도: 쉬움

> 내가 실험실 쥐가 아니라 도박하는 쥐라면 여기 날쌔 보이는 검정 펜에 돈을 걸었을 거야….

경마와 자동차 경주에 대해
들어 본 적이 있을 거예요.
그런데, 마커 펜(marker)도 경주를 할 수 있다는 것을 알고 있나요?

준비물

브랜드가 다른 검은색 마커(marker) 네 개,
하얀색 커피 필터 종이/종이 타월, 맑은 유리컵, 연필, 빨래집게

실험 방법

1 커피 필터 종이를 직사각형 모양으로 유리컵에 잘 들어갈 수 있는 크기로 잘라요. 하지만, 필터 종이의 윗부분은 유리컵 위로 튀어나올 정도로 길어야 해요.

3 각각의 마커 펜으로 선을 따라서 작은 점들을 찍어요. 점과 점 사이가 너무 가까우면 안 돼요.

4 필터 종이를 유리컵 안에 놓아요.

2 필터 종이의 아랫부분으로부터 약 2.5cm 정도 되는 위치에 연필로 줄을 그어요.

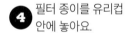

5 빨래집게로 종이를 고정시켜요. 빨래집게를 유리컵 위에 가로질러서 걸쳐요. 그러면 종이가 아래로 주저앉지 않아요.

6 빨래집게를 조정해서 필터 종이가 유리컵의 바닥에 살짝 닿을 정도로 위치시켜요.

7 종이를 물고 있는 빨래집게를 들어 올려요. 종이를 한쪽에 내려 둡니다.

8 유리컵의 대략 5mm 정도 높이가 되도록 물을 ☆ 부어요.

9 유리컵을 흔들리지 않는 곳에 세워 두어요.

10 조심스럽게 필터 종이를 유리컵 안으로 다시 넣어요. 빨래집게는 종이가 주저앉는 것을 막아 줄 거예요.

11 이제 아무것도 건드리지 말아요. 안 그러면, 다 망쳐 버려요.

12 5분 정도 기다리면서 무슨 일이 생기는지 보아요. 5분 후에 다시 확인해 봐요. 서로 다른 검은색 점이 다르게 움직이는 것 같나요?

무슨 일이 생길까?
다른 색깔들이 보이기 시작할 거예요. 다른 마커 펜보다 꼭대기까지 빨리 도착하는 것도 있고, 색깔이 다채로운 것도 있을 거예요. 사용된 펜에 따라서 달라요.

왜 그럴까?
- 대부분의 검은색 마커들은 염료와 물로 만들어져요.
- 잉크 안에 있는 물이 색소를 필터 종이로 옮겨요.
- 물이 마르면서 색소가 종이에 남아요.
- 필터 종이가 물에 담겨져 있으면 색소는 물에 녹아요.
- 어떤 색소들은 다른 것들보다 빠르게 종이 위로 올라와요. 색소들은 서로 다른 속도로 이동해요. 움직이는 속도는 색소 분자가 얼마나 큰지, 그리고 종이의 상태에 따라 달라져요.

심심풀이 퀴즈
잉크는 어떻게 색깔을 띠게 될까요?

잉크는 일부 색상을 백색광에서 흡수하고 다른 색상을 반사하여 색을 얻어요.

19 창자야
잘 흡수하고 있지?

분야: 생물학

난이도: 쉬움

점심은 뭘까?

내가 방금 말한 것들을
소화시킨 게 맞아?
다른 뭔가를 분명히 먹은 거
같은데.

창자는 우리가 먹는
음식을 흡수하는데
중요한 역할을 해요.
창자가 어떻게 작동하는지 봅시다.

준비물
마스킹 테이프, 유리병, 물, 종이 타월, 마커 펜

실험 방법

1 마스킹 테이프를 유리병 표면에 아래로
길게 붙여요.

2 유리병을 물로 채워요. 마커 펜으로
테이프에 물의 높이를 표시해요.

3 종이 타월을 네 번 접어서 작은 사각형
모양으로 만들어요.

4 접은 종이 사각형을 물이 담긴 물병에
담가요. 종이 전체를 물에 담가야 해요.

42

5 젖은 종이를 꺼내요. 물병에 붙여 놓은 테이프에 바뀐 물 높이를 표시해요.

6 물의 높이가 이전과 같아지도록 물을 더 채워요.

7 종이 타월 세 장을 겹쳐서 놓아요.

8 겹쳐 놓은 종이들을 네 번 접어서 작은 사각형 모양으로 만들어요.

9 접은 종이를 물에 담가요.

10 젖은 종이를 건져 내요. 물 높이를 표시해요.

무슨 일이 생길까?

종이 타월 세 장을 접어서 물에 넣으면 한 장을 접어서 넣는 것보다 물이 훨씬 더 많이 없어져요.

왜 그럴까?

• 종이 타월 세 장을 접으면 종이들을 더 작아지게 만들어요. 하지만, 종이들이 물을 흡수하는 방식은 바뀌지 않아요.
• 접힌 종이들은 동물의 창자 내부에 있는 세포 조직처럼 활동해요. 둘 다 많은 양의 물을 흡수할 수 있어요. 세포들의 구성과 세포들이 사용할 수 있는 표면의 면적 때문이에요.

재미있는 사실

물을 더 잘 흡수하는 물질들이 있어요. 면, 울, 가죽, 양털 같은 다른 종류의 직물 조각들을 깨끗하고 빈 유리병들의 입구에 고무줄을 이용해서 묶어 봐요. 티스푼 하나 정도의 물을 각각의 병에 조심스럽게 떨어뜨려요. 이렇게 여러 번 해 봐요. 어느 병에 물이 가장 많이 남았는지 봐요. 이런 직물들은 물을 잘 빨아들이지 못할 거예요. 병 안에 아주 약간의 물이 있다면 물을 흡수하는 물질을 가지고 있는 거지요.

누가 병뚜껑을 눌러 쓰고 있는거야?

심심풀이 퀴즈

우리 창자는 넓은 흡수면을 가지고 있어요. 길이가 얼마나 될까요?

창자는 위장의 아래 끝에서 엉덩이까지 이어져요. 이 좁은 관은 배 속에 꼬불꼬불 자리 잡고 있는데, 길이가 8.5m 정도 돼요. 창자의 안벽은 여러 겹으로 접혀 있고, 부드러운 흡수 조직으로 덮여 있어요.

양초 만들기

분야: 화학

난이도: 쉬움 + 부모님 도와주세요

오래된 양초 조각들로 새로운
양초를 만들 수 있어요.

아뿔싸!
실험실 전기세 내는 걸 잊었네!

준비물

오래되고 사용하다 남은 흰 양초 조각들,
밀납 크레용, 냄비, 실, 숟가락,
꼬치, 종이컵

실험 방법

1 양초 조각들과 크레용을 냄비에 담아요.

2 약한 불로 양초와 크레용을 천천히
녹여야 하는데, 부모님(선생님)에게
도움을 받아요. 잘 섞이도록 부드럽게 저어
줘요.

3 밀랍이 녹는 동안 꼬치로 종이컵의 바닥에
작은 구멍을 뚫어요.

4 실을 구멍 안으로 통과시켜요.

5 종이컵 밑으로 나온 실을 매듭지어 묶어요. 실의 길이는 양초를 어디에 매달아 놓고 말릴 수 있을 만큼 충분히 길어야 해요.

6 녹은 밀랍을 종이컵에 부어요. 부모님(선생님)이 도와주세요.

7 종이컵을 공중에 매달아 놓아요. 무슨 일이 생길까요?

무슨 일이 생길까?

밀랍이 단단하게 굳을 거예요. 우리가 만든 새로운 양초를 사용하기 위해 실을 위아래로 싹둑 잘라요. 양초 윗부분에는 심지로 사용할 수 있는 길이만큼 남겨 두어야 해요. 새 양초에 불을 붙이기 전에 종이컵을 반드시 제거해야 해요. 정말로 중요하니 명심해요.

왜 그럴까?

- 밀납에 열을 가하면 고체에서 액체로 변해요.
- 열이 식으면 다시 고체로 변해요.

싹뚝!

재미있는 사실

중력에 의한 부양성 대류 때문에 양초의 불꽃이 물방울 모양으로 만들어져요. 불꽃 안에 있는 공기가 확장되고 더 가벼워진다는 의미예요. 가벼워진 공기는 위로 올라가요. 이게 대류예요. 중력이 거의 없는 상태에서는 대류 현상이 생기지 않아요. 양초의 불꽃은 둥근 모양이 되는데 기화된 밀랍이 심지로부터 펼쳐지고 주변 공기에 있는 산소가 불꽃 안으로 들어가기 때문이에요.

> 양초가 다 타기 전에 꺼도 돼요? 그리고 잠시 후에 중력에 의한 부력 대류에 대해 자세히 얘기해요.

심심풀이 퀴즈

양초는 어디에서 유래했을까요?

양초는 로마 사람들로부터 유래했어요. 고대 이집트 사람들은 동물 기름을 먹인 횃불을 사용했어요. 하지만 로마 사람들은 심지가 있는 양초를 사용했지요. 사람들이 어두운 밤에 돌아다닐 수 있게 도와주고 집과 예배 장소를 밝게 하는데 사용되었어요.

㉑ 줄무늬 종이

분야: 화학

난이도: 어려움

덜그럭
덜그럭…

작은 선물을 포장하고 싶은데
포장지가 없나요?
평범한 하얀 종이를 이용해서
여러분만의 포장지를 만들어 보아요.

준비물

색분필(흰 종이와 잘 어울리는 색으로 골라요. 양은 무늬를
얼마나 많이 만들고 싶은지에 달려 있어요.), 종이컵이나 플라스틱 컵,
밀방망이, 식초, 지퍼 백, 플라스틱 숟가락, 큰 플라스틱 그릇, 신문지, 물, 식용유

실험 방법

1 신문지를 테이블 위에 펼쳐요.

2 그릇에 물을 담아요.

3 식초를 두 스푼(티스푼) 넣어요.

4 그릇을 신문지 중앙에 놓아요.

5 서로 다른 색깔의 분필 조각들을 각기 다른
지퍼 백에 담아요. 지퍼 백을 꽉 닫아요.

6 밀방망이로 분필을
부수고 가루로
만들어요.

7 각각의 색 분필 가루를 각자의 컵에 따로
담아요.

8 식용유 한 스푼(티스푼)을 각각의 컵에 부어요. 플라스틱 숟가락으로 잘 저어요.

9 각 컵에 담긴 내용물을 물이 담긴 그릇에 부어요. 분필 색을 띠는 기름이 물 표면에 만들어질 거예요.

10 하얀 종이를 하나씩 물의 표면에 조심스럽게 올려놓아요.

11 종이를 들어 올려서 신문지 위에 펴서 말려요. 약 24시간 정도 걸려요.

12 종이들이 다 마르면 종이에 붙어 있는 분필 가루를 종이 타월로 털어 내요. 종이에 무엇이 남아 있나요?

☆

☆

무슨 일이 생길까?

분필 색에 물든 기름이 종이에 달라붙어서 소용돌이치는 줄무늬를 만들어요.

☆

왜 그럴까?

- (-)의 전기적 성질을 가진 분자와 (+)의 전기적 성질을 가진 분자가 서로 끌어당겨요.
- 분필(탄산칼슘)의 분자들, 식초(아세트산), 물 그리고 종이의 표면이 모두 화학적으로 섞여서 화학 결합을 하죠.
- 그래서 줄무늬 색깔들이 종이에 달라붙는 거예요.

재미있는 사실

물 위의 기름막은 모기 유충들을 죽일 수 있어요. 유충들이 숨 쉬기 위해 사용하는 스노클(잠수 중에 물 밖으로 연결하여 숨을 쉬는 데 쓰는 관)이 기름 때문에 막히거든요.

> 헉! 애들아 숨을 크게 들이쉬어! 저기 위에서 누군가 줄무늬 포장지를 만드는 것 같아!

심심풀이 퀴즈

세계에서 가장 최악이었던 기름 유출 사고가 있었던 곳은 어디였을까요?

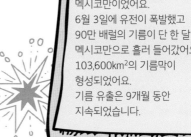

사상 최악의 기름 유출 사고가 발생한 곳은 1979년 멕시코만이었어요. 6월 3일에 유전이 폭발했고 90만 배럴의 기름이 단 한 달 동안 멕시코만으로 흘러 들어갔어요. 103,600km²의 기름막이 형성되었어요. 기름 유출은 9개월 동안 지속되었습니다.

② 젤라틴 모빌

분야: 화학

난이도: 어려움 + 부모님 도와주세요

> 걱정하지 않아도 돼.
> 젤리처럼 꿈틀거리지 말고….
> 사진이 엉망으로 찍히잖아!

젤라틴은 알약 캡슐, 심장 판막, 사진 필름을 만들기 위해 사용돼요.
물론 과일 맛 디저트에도 사용되지요.
그런데, 젤라틴으로 모빌도 만들 수 있어요.

준비물

순 젤라틴, 물, 식품 착색제,
테두리가 있는 플라스틱 뚜껑, 냄비,
뒤집개, 종이 타월, 쿠키 모양을 찍는 틀,
빨대, 가위, 냉각용 선반

생쥐 박사의 힌트

모빌에 색을 칠해서
축제 기분을 내보는 건 어때요?
핼로윈에는 오렌지색으로 밸런타인데이에는
빨간색으로 성패트릭 데이에는 초록색으로요!

실험 방법

1 물 다섯 큰술(75ml)과 식품 착색제
세 방울-다섯 방울을 냄비에 넣어요.

2 냄비를 불에 올려요.
부모님(선생님)이 도와주세요.

3 향이 첨가되지 않은
젤라틴 세 봉지를
넣고 녹을 때까지 저어요.

4 30초 동안 혹은
혼합물이 끈적해질
때까지 조리하면서 저어요.

5 혼합물을 테두리가 있는 플라스틱 뚜껑에 부어요.

6 숟가락으로 공기 방울을 밀어요.

7 젤라틴을 45분 동안 식혀요.

8 뒤집개를 사용해서 젤라틴을 뚜껑에서 조심스럽게 들어내요. 여러분은 무엇을 만들었나요?

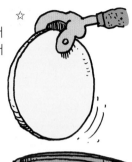

무슨 일이 생길까?

탄력 있는 젤이 만들어졌어요. 쿠키 만드는 틀을 사용해서 다른 모양들을 만들어 봐요. 가위는 나선 모양을 만들기 위해 좋아요. 플라스틱 빨대로 젤에 구멍들을 만들면 우리가 만든 도형들을 공중에 매달아 놓을 수 있어요. 냉각용 선반에 우리가 만든 도형들을 올려놓고 말려요. 혹은 줄 위에 매달아 놓고 말려요. 2-3일 후면 젤라틴은 플라스틱처럼 딱딱해져요.

왜 그럴까?

- 젤라틴은 콜라겐이라고 불리는 단백질이에요.
- 콜라겐 분자들은 섬유질을 만들어요.
- 섬유질들은 세포들을 고정시키는 망을 형성해요.
- 콜라겐에 열을 가하면 콜라겐은 분해되면서 젤라틴이라고 불리는 더 단순한 단백질을 만들어요.
- 젤라틴은 물에 녹아요. 젤라틴 용액이 식으면 반고체 덩어리 혹은 젤로 변해요.

재미있는 사실

뇌파도 기계에 연결되면 젤라틴은 건강한 어른의 뇌파와 거의 같은 움직임을 보여 줘요.

큰 그릇, 숟가락, 아이스크림 그리고 커스타드!

과도한 뇌파가 감지되는군! 무슨 걱정을 하고 있는 거야?

심심풀이 퀴즈

젤라틴은 어떻게 얻을까요?

젤라틴은 도살된 고기의 뼈, 세포 조직, 발굽, 인대를 물(혹은 산성 물질)에 넣고 끓여서 추출해요.

23 은을 구하라

어… 이봐! 우리는 은으로 만든 유물을 과학실험에 사용하지 않아!

은은 밝고 빛나는 금속이에요.
하지만 공기 중에 있는
황과 반응하면 얼룩져요.
은이 얼룩지는 것을
막을 수 있어요.

준비물
얼룩으로 더럽혀진 은 조각, 큰 그릇, 알루미늄 포일,
물, 전기주전자/전자레인지, 주방용 장갑, 베이킹 소다

실험 방법

1 알루미늄 포일을 그릇의 바닥에 깔아요.

2 은 조각을 포일 위에 놓아요. 은이 포일에 잘
붙어 있어야 해요.

3 물이 끓을 때까지 열을 가해요.
부모님(선생님)이 도와주세요.

4 불을 끄고 냄비를 싱크 안에 놓아요.

5 각 1.2L의 물에 베이킹 소다를 1/2컵 정도
넣어요. 혼합물에 거품이 조금 생기면서
넘칠 거예요.

6 뜨거운 베이킹 소다와 물 혼합물을 그릇에 부어요. 은이 물에 완전히 잠겨야 해요. 은에 어떤 변화가 생기는 게 보이나요?

무슨 일이 생길까?

얼룩이 사라지기 시작해요. 은에 있던 얼룩이 몇 분 안에 모두 사라질 거예요. 얼룩이 심하게 있으면 베이킹 소다와 물 혼합물을 다시 끓여요. 그리고 앞서 했던 대로 얼룩을 모두 없애기 위한 치료를 여러 번 해요.

전 　　　　　 후

왜 그럴까?

- 은이 얼룩지면 유황과 섞여서 황화은을 만들어요.
- 황화은은 검은색이에요. 황화은의 얇은 막이 은을 검게 만들어요.
- 우리는 화학 반응으로 황화은을 다시 은으로 되돌린 거지요.
- 황화은이 알루미늄 포일과 반응해요. 그 반응에서, 황의 원자들이 은에서 알루미늄으로 이동해요. 은은 자유로워지고 황화알루미늄이 만들어져요.
- 황화은과 알루미늄이 베이킹 소다 안에 함께 있을 때 둘 사이에 반응이 생겨요. 용액이 따뜻할 때 그 반응이 더 빨라집니다. 베이킹 파우더 혼합물은 유황을 은에서 알루미늄으로 옮겨요. 황화알루미늄은 알루미늄 포일에 달라붙어요.
- 은과 알루미늄은 반드시 서로 접촉해야 해요. 그래야 반응 중에 둘 사이에 작은 전류가 흐르거든요. 전기 화학 반응이에요. 이런 반응들은 전기를 만들기 위해 전지(배터리)에 사용돼요.

재미있는 사실

우리 입 안에 있는 박테리아는 음식 찌꺼기를 먹고 살고 냄새나는 황 화합물을 만든다는 사실을 알고 있나요? 이런 황 화합물이 입냄새를 만들어요.

방금 맛있는 체리 파이 조각을 먹었어!

그래, 지난 화요일에 티본(T-bone) 스테이크 먹은 거 기억하지? 여기는 참 살기 좋은 곳이야!

심심풀이 퀴즈

은은 왜 반짝일까요?

은은 빛을 잘 반사하는 금속이기 때문에 반짝거려요. 빛이 닿는 만큼 많은 빛을 '되돌려 보낼' 수 있는 거지요.

회오리

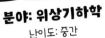

분야: 위상기하학

난이도: 중간

> 우와!
> 내가 회오리를 만들었나?
> 오… 그냥
> 뫼비우스 띠일
> 뿐이야!

안쪽과 바깥쪽이 하나이면서
같은 곳이 과연 있을 수 있을까요?

준비물

종이, 가위, 펜, 마스킹 테이프

실험 방법

1 종이를 긴 직사각형 모양으로 잘라요.
폭은 2cm 정도로 해요.

2 종이 조각을 쭉 펴요.

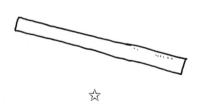

3 종이 조각의 반을 180°로 뒤틀어요. 마스킹
테이프로 양쪽 끝을 연결해요.

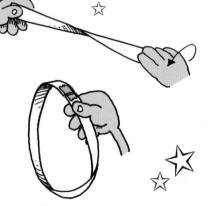

4 테이프로 붙인 끝 지점을 손으로 잡고
펜촉을 대요.

5 종이 조각의 가운데에 펜을 대고 종이를 따라서 쭉 선을 그려요. 종이에서 펜을 떼지 말아요.

6 종이 조각을 뒤집어서 계속 선을 그려요. 종이를 따라서 가는 거예요. 그리는 선이 다시 시작점에서 만날 때까지 멈추지 말아요.

7 마스킹 테이프를 제거하고, 종이 조각을 살펴봐요. 무엇이 보이나요?

무슨 일이 생길까?

여러분은 펜을 떼지 않고 종이의 양쪽 면에 선을 그렸어요. 자, 종이를 전에 있던 방식대로 반을 뒤틀어서 붙여요. 여러분이 그린 중앙선을 따라서 가위로 잘라요. 무엇이 만들어질까요? 원래 고리보다 두 배 길어진 띠가 만들어졌어요.

왜 그럴까?

- 여러분이 만든 도형은 뫼비우스 띠예요.
- 종이 조각을 뒤틀었을 때 안쪽 면과 바깥쪽 면이 하나의 연속된 면이 되었어요.
- 종이 조각을 잘랐을 때에는 하나의 긴 띠가 되었어요. 하지만 여전히 하나의 연속 면을 가지고 있지요.
- 그럼, 실험을 다시 해 봐요. 이번에는 종이를 완전히 뒤틀어요. 실험 결과를 보고 깜짝 놀랄 거예요.

재미있는 사실

1800년대 초 독일 수학자 아우구스트 뫼비우스는 위상기하학이라고 불리는 기하학의 연구를 발전시키는데 도움을 주었어요. 위상기하학(topology)은 도형이 구부러지거나 늘어나도 변하지 않는 기하학적 형상의 특성을 탐구해요.

내가 무엇을 만들고 있는지 모르겠군! 뫼비우스의 띠라고 불러야겠어. 그런데 이거 엉망진창이구만!

심심풀이 퀴즈

뫼비우스 띠는 어디에 사용될 수 있을까요?

뫼비우스 띠는 자동차 안에 팬 벨트(fan belt)와 공장에서 컨베이어 벨트로 사용되어 왔어요. 연속 재생되는 녹음 테이프에 사용되는 것도 볼 수 있지요. 녹음 테이프의 재생 시간이 두 배로 길어져요.

25 환상적인 플라스틱

분야: 화학

난이도: 어려움 + 부모님 도와주세요

우유 한 병하고 비닐봉지
한 개가 하나가 되었군!

우유

플라스틱은 기름 같은 천연 재료로
만들어질 수 있어요.
혹은 나일론 같은 합성 재료로
만들어질 수도 있지요.
우유 같은 천연 재료로
플라스틱을 만들 수 있을까요?

준비물
전지 우유, 계량용 컵, 작은 냄비,
작은 유리병, 식초, 차 여과기

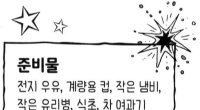

실험 방법

1 우유 1/2컵(125ml)을 작은 냄비에 부어요.

2 우유에 열을 가하여 끓여요.
부모님(선생님)이 도와주세요.

3 우유가 분리되면서 덩어리지면 식초
세 스푼(티스푼)을 넣고 저어요.

4 혼합물이 젤 형태로 엉킬 때까지 식초를
더 추가해요.

54

5 냄비에 불을 꺼요. 부모님(선생님)이 도와주세요.

6 끓인 액체를 차 여과기에 부어요.

7 우유가 응고된 덩어리를 유리병 안에 넣어요.

8 덩어리가 식도록 한 시간 정도 기다려요.

9 물이 남아 있으면 조심스럽게 내보내요. 뭐가 남지요?

무슨 일이 생길까?

플라스틱을 만들었어요. 스파이더 맨처럼 옷을 입는 거는 어때요? 여러분이 만든 플라스틱 덩어리를 가지고 집 밖에 앉아 있어 봐요. 플라스틱 거미가 플라스틱 덩어리를 먹으러 따라올지도 몰라요.

> 나는 플라스틱 거미일지도 몰라. 그렇다고 내가 플라스틱을 먹어야 하는 건 아니잖아!

왜 그럴까?

• 플라스틱은 화학적 반응 때문에 생겨요.
• 이 반응은 우유에 있는 카세인(casein)과 식초에 있는 아세트산(acetic acid) 사이에 발생해요.
• 우유와 산이 상호작용하면 우유가 분리돼요.
• 우유는 액체와 지방, 무기질, 단백질인 카세인으로 만들어진 고체로 나뉘어요. 그 고체는 단단해질 때까지 고무처럼 구부러지는 아주 긴 분자들로 이루어져 있어요. 우유가 응고될 때에도 같은 일이 일어나요.

  ## 재미있는 사실

바다에 버려진 비닐봉지와 다른 플라스틱 쓰레기들은 1년에 1백만 마리나 되는 바다 생물들을 죽이고 있어요.

심심풀이 퀴즈

우유 팩이 분해되어서 자연으로 돌아가는데 5년이 걸려요. 비닐봉지는 얼마나 오래 걸릴까요?

샌드위치 플라스틱 포장이 분해되어 자연으로 돌아가는데 400년이 걸려요.

모든 물체는 떨어져요

26 긴장감 넘치는 달걀

분야: 물리학

난이도: 쉬움

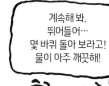

계속해 봐.
뛰어들어…
몇 바퀴 돌아 보라고!
물이 아주 깨끗해!

어떤 물체가 액체 안에서
뜨지 않거나 가라앉지 않는 것을
상상할 수 있나요?

준비물

넓은 유리병, 달걀, 민물(담수),
티스푼, 소금

실험 방법

1 유리병을 물로 반 정도
채워요. 날달걀을 유리병
안에 넣어요. 가라앉나요?

2 달걀을 꺼내요.

56

3 소금 두 스푼(티스푼)을 물에 넣고, 잘 섞어요.

4 같은 달걀을 유리병 안에 넣어요. 달걀을 잘 살펴봐요. 무슨 일이 생기나요?

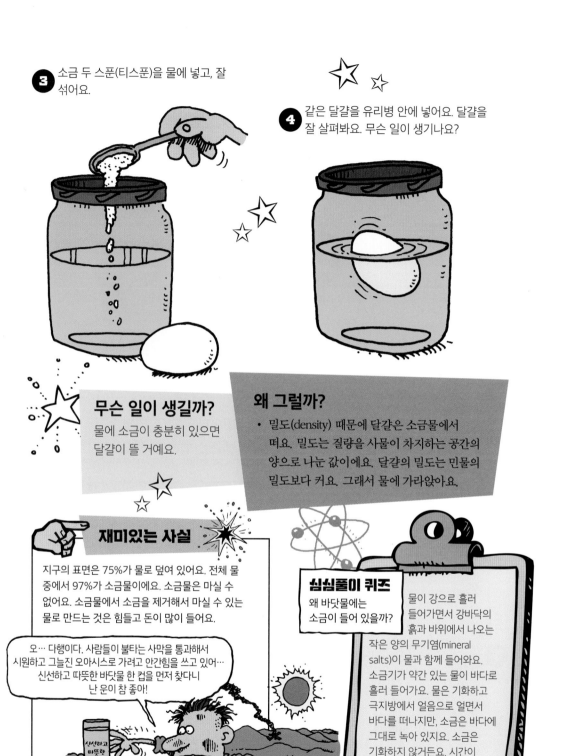

무슨 일이 생길까?
물에 소금이 충분히 있으면 달걀이 뜰 거예요.

왜 그럴까?
- 밀도(density) 때문에 달걀은 소금물에서 떠요. 밀도는 질량을 사물이 차지하는 공간의 양으로 나눈 값이에요. 달걀의 밀도는 민물의 밀도보다 커요. 그래서 물에 가라앉아요.

재미있는 사실
지구의 표면은 75%가 물로 덮여 있어요. 전체 물 중에서 97%가 소금물이에요. 소금물은 마실 수 없어요. 소금물에서 소금을 제거해서 마실 수 있는 물로 만드는 것은 힘들고 돈이 많이 들어요.

오… 다행이다. 사람들이 불타는 사막을 통과해서 시원하고 그늘진 오아시스로 가려고 안간힘을 쓰고 있어… 신선하고 따뜻한 바닷물 한 컵을 먼저 찾다니 난 운이 참 좋아!

신선하고 따뜻한 바닷물

심심풀이 퀴즈
왜 바닷물에는 소금이 들어 있을까?

물이 강으로 흘러 들어가면서 강바닥의 흙과 바위에서 나오는 작은 양의 무기염(mineral salts)이 물과 함께 들어와요. 소금기가 약간 있는 물이 바다로 흘러 들어가요. 물은 기화하고 극지방에서 얼음으로 얼면서 바다를 떠나지만, 소금은 바다에 그대로 녹아 있지요. 소금은 기화하지 않거든요. 시간이 흐르면서 점점 더 소금기가 많아져요.

원을 그리며 날다

분야: 물리학
난이도: 쉬움

궤도에 진입하는 최초의 장난감 개가 되는 기분이 어때?

인공위성이 어떻게 궤도에 머무르고 있는지 궁금한 적이 있지요?
세탁기 안에 있는 빨래가 회전하면서 왜 세탁기 벽 쪽으로 밀리는지
궁금한 적도 있지요? 중력과 원심력이 바로 그 이유예요.
이런 힘들이 어떻게 작동하는지 보는 실험을 해 봐요.

준비물
60cm 길이의 끈, 양동이,
말랑말랑한 고무공

생쥐 박사의 힌트
박람회나 테마 파크에서 실험을 해 봐요. 회전하는 동안에 여러분은
서 있고 바닥이 여러분 발 아래로 떨어지는 놀이 기구를 타 봐요.
물리력을 재미있게 시험하는 또 다른 방법입니다.

실험 방법

1 양동이 손잡이에 끈을 단단히 묶어요.

2 고무공을 양동이 안에 넣어요.

3 부딪힐 위험이 없는 곳으로 나가요.

4 끈을 잡아서 양동이를 들어요.

5 양동이를 공중에서 가능한 한 빠르게 돌려요.

무슨 일이 생길까?

양동이가 위아래가 뒤집혀서 돌 때조차도 양동이를 돌리면서 어디에 부딪히지 않았다면 공은 양동이 안에 있을 거예요. 인공위성이 궤도 밖으로 날아가지 않게 하는 것은 어떤 줄이 아니라 지구의 중력이에요.

왜 그럴까?

- 회전하는 힘에 의해 만들어지는 원심력과 중력의 힘이 동등해요.
- 그래서 공이 양동이 밖으로 떨어지지 않죠.
- 원심력이 공을 양동이 벽 쪽으로 당겨요.
- 원심력은 회전하는 양동이에 의해 중심에서 먼 쪽으로 향해요. '중심에서 도망가는 힘'이죠.

재미있는 사실

에너지의 힘을 느끼고 싶나요? 고무줄을 갑자기 당겨서 늘려 봐요. 그리고 볼에 갖다 대요. 따뜻함이 느껴지나요? 저장된 에너지가 열의 형태로 탈출하려는 거예요.

고무줄로 뭐 하려는 거야? 에너지가 열로 빠져나가는 걸 보여 주려고?

아니… 이거 통제가 안 되는데… 녹아내리겠어!

심심풀이 퀴즈

구심력과 원심력의 차이점은 무엇이죠?

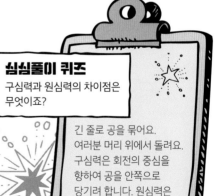

긴 줄로 공을 묶어요. 여러분 머리 위에서 돌려요. 구심력은 회전의 중심을 향하여 공을 안쪽으로 당기려 합니다. 원심력은 공을 직선으로 내던지려고 해요.

28 촛불이 흔들려요

분야: 물리학

난이도: 중간

촛불이 몸을 흔들지 않네!
음악이 마음에 안 드나!

무게 중심은
어떤 물체에서 어느 한쪽의 무게만큼
다른 쪽에 무게가 있는 지점이에요.

준비물
무딘 칼 혹은 가위, 긴 양초, 긴 못, 유리컵, 접시

실험 방법

1 양초 끝에 초를 제거해서 심지가 보이게 해요.

2 긴 못을 양초의 정확히 중간을 통과하게 밀어 넣어요.

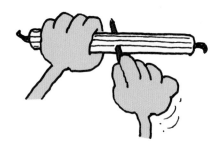

3 못을 두 개의 유리컵 사이에 걸쳐 놓아요.

60

4 양초의 양쪽 끝 아래에 접시를 놓아요.

5 시소처럼 보여요. 시소를 흔들 수 있죠?

6 양쪽 심지에 불을 붙여요.
부모님(선생님)이 도와주세요. 무슨
일이 생기는지 잘 살펴봐요.

무슨 일이 생길까?

양초가 위아래로 흔들려요.

왜 그럴까?

- 뜨거운 촛농 방울이 양초의 끝에서 떨어져요.
  한쪽 끝이 약간 가벼워지기 때문에 위로
  올라가요. 잠시 후에 다른 한쪽 끝에서 촛농
  방울이 떨어져요. 계속 그렇게 진행이 됩니다.
- 양초의 균형이 계속 깨질 거예요. 그래서
  양초가 계속 위아래로 흔들리게 돼요.

재미있는 사실

화분을 옆으로 눕히고 일주일만 두면 놀라운 일이
벌어져요. 식물의 줄기가 위쪽으로 방향을 돌려요.
식물에는 옥신(auxin)이라고 하는 화학 물질이 들어
있어요. 이 물질은 식물 세포가 길게 자라게 해요.
중력은 옥신을 아래로 당겨요. 옥신은 줄기의 바닥을
따라 쌓여요. 세포들은 옥신 축적물이 줄기를
위쪽으로 자라게 만드는 곳에서 더 길게 자라요.

> 그래! 이 식물은
> 옥신을 더 많이 가지고
> 있는 게 분명해.

심심풀이 퀴즈

남자와 여자의
무게 중심은 다를까요?

예, 맞아요. 대부분
여자들의 무게 중심은
엉덩이 부분에 있어요. 남자들의 무게
중심은 상체에 있어요. 직접 실험을 해
봐요. 한쪽 발을 다른 한쪽 뒤에 놓아요.
벽에서 세 걸음 물러서요. 다른 사람을
시켜서 여러분과 벽 사이에 의자를
놓아요. 몸을 기울여 머리 윗부분을 벽에
대요. 여러분의 다리는 몸과 45° 각도를
이루어야 해요. 의자의 가장자리를 잡고
들어 올려서 가슴에 붙여요. 의자를
가슴에 가까이 들고 똑바로 서 봐요.
여러분의 무게 중심이 낮다면(여자),
의자의 무게가 있어도 설 수 있을 거예요.
무게 중심이 높다면, 의자의 무게가
여러분의 윗부분을 무겁게 만들어서
설 수 없어요.

29 # 그네 타기의 왕

분야: 물리학

난이도: 중간

그네를 타면서 과학에 대한
무언가를 배울 수 있을까요?
그네는 시계의 추와 같아요.
무게가 그네의 속도를 변화시킬 수 있는지
실험해 보아요.

자정이
되기 전에
실험이 끝나야
할 텐데!

 준비물

시계, 그네(야외 운동장), 자, 친구 두 명

실험 방법

1 그네의 앉는 부분을 잡고 뒤로 서너 발자국 뒤로
이동합니다.

2 친구한테 여러분의 발 앞에 자를 놓아 달라고 해요.

3 잡고 있던 그네를
놓으면, 친구는 시계로
시간을 재도록 해요. 그네를
미는 것이 아니고 그냥
손에서 놓는 거예요. 그네가
10초 동안 앞뒤로 움직이는
횟수를 세어요.

4 친구는 10초가 되면 소리쳐서 알려 줘야 해요.

5 이번에는 다른 친구를 그네에 태워요.

6 처음에 했던 대로 그네를 자 뒤에 여러분 발 앞까지 당겨요.

7 여러분이 그네를 놓으면 친구는 시간을 재어요. 그네를 밀면 안 돼요. 10초 동안 그네가 앞뒤로 움직이는 횟수를 세요.

무슨 일이 생길까?

그네가 앞뒤로 움직이는 횟수가 같아요.

왜 그럴까?

• 중력이 그네를 당겨요. 그네를 손에서 놓으면 중력은 그네가 아래로 내려오게 해요.
• 그네를 타는 동안 속도가 달라져요. 하지만, 그 변화는 체중별로 똑같아요.
• 그네가 직각 위치에 가까워질수록 속도는 더 빨라져요.
• 속도는 그네가 위쪽으로 올라가면서 느려져요. 그네가 멈추는 지점이에요.
• 시계추는 가장 높은 위치에서 멈춰요. 그리고 나서 무게와 관계없이 아래 방향으로 이동하기 시작하죠.

👉 재미있는 사실

1656년 네덜란드 과학자 크리스티안 호이헨스(Christiaan Huygens)는 최초로 괘종시계를 만들었어요. 이 시계는 이전의 시계들보다 시간을 훨씬 더 정확하게 측정했어요. 이후에 호이헨스는 평형 바퀴와 용수철 조립체를 발명했는데, 이것은 오늘날까지도 시계에서 사용되고 있지요.

말해 봐, 친구! 그럴 시간이 없을 텐데, 안 그래?

만조가 세 시인데, 제방에 구멍이 나 있다고!

심심풀이 퀴즈

지구가 한 바퀴 도는데 얼마나 오래 걸릴까요?

지구는 한 바퀴 도는데 하루(24시간) 걸려요.

펜 뚜껑 잠수함

분야: 물리학

난이도: 쉬움

잠망경을 내려야지.
잠수… 잠수… 잠수!

잠수함은 바다에서 가라앉았다가
어떻게 다시 위로 떠오를 수 있을까요?

준비물

작고 투명한 플라스틱 음료수 병, 조소용 점토, 플라스틱 펜 뚜껑, 물

실험 방법

1 깨끗한 플라스틱 병에 물을 채워요.

2 플라스틱 펜 뚜껑 다리에 점토 조각을 붙여요.

3 펜 뚜껑을 병 안에 넣어요. 펜 뚜껑은 물에 뜰 거예요.

4 병을 뚜껑으로 잠가요. 공기가 병에서 새지 않게 단단히 잠가야 해요.

5 플라스틱 병 옆면을 꽉 짜요. 무슨 일이 생길까요?

왜 그럴까?

- 병을 짜면 안쪽에 더 많은 압력이 생겨요.
- 이 힘 때문에 더 많은 물이 펜 뚜껑의 안쪽으로 밀려 들어가요.
- 펜 뚜껑 안에 추가된 물 때문에 무게가 증가하고, 펜 뚜껑을 가라앉게 만들어요.
- 잠수함도 똑같은 방식으로 작동해요. 잠수함에는 물이나 공기로 채워진 탱크가 있어요.
- 공기로 채워지면, 잠수함은 수면 위로 떠오르겠죠.
- 잠수함이 잠수할 때에는 많은 양의 물이 탱크 안으로 밀려 들어가고, 잠수함이 무거워져요.
- 탱크 안에서 물과 공기의 양을 조절함으로써 잠수함의 승무원들은 잠수함을 위로 올라가게 하거나 물에 가라앉게 할 수 있어요.

무슨 일이 생길까?

여러분이 플라스틱 병을 꽉 짜면 펜 뚜껑이 가라앉습니다.

재미있는 사실

욕조 안에서 플라스틱 병의 뚜껑과 병의 바닥에 구멍을 내요. 플라스틱 튜브를 뚜껑의 구멍을 통해 밀어 넣어요. 손가락으로 병 바닥의 구멍을 막아요. 병에 물을 꼭대기까지 채우고, 뚜껑을 잠가요. 병을 욕조 바닥까지 가라앉혀요. 구멍에서 손가락을 떼고 놓으면, 여러분의 소형 잠수함은 수면으로 올라올 거예요.

심심풀이 퀴즈
잠수함은 현대에 만들어진 발명품일까요?

아니요. 그리스와 로마 사람들은 잠수종에 대해 적어 놓았어요. 중세시대 사람들도 그렇고요. 1578년에 영국의 어느 발명가가 작동 가능한 잠수함에 대해 자세히 묘사해 놨어요. 마침내 1600년대 초에 네덜란드의 한 발명가가 노를 저어서 움직이는 잠수함을 만들어 냈어요.

와아! 플라스틱 병에 공기를 채웠을 뿐이야!

③① 공이 툭 튀어나와요

분야: 화학

난이도: 쉬움

끓인 쌀…
튀긴 쌀…
맛있는 쌀 푸딩이
되겠지?
먹을 생각을 하면 안 돼…
이 쌀은 과학을 위해
사용되어야 해.

왜 크기와 모양이 다른 고체들은 함께 쌓여 있으면 분리될까요?

준비물
입구가 넓은 큰 유리병, 생쌀, 작은 고무공

실험 방법

1 유리병의 3/4을 쌀로 채워요.

2 공을 유리병 안에
넣어요. 쌀 속 안으로
깊숙이 잠길 수 있게
아래쪽으로 밀어 넣어요.

공

3 유리병을 테이블 위에 놓아두어요. 유리병을 앞뒤로 흔들어요. 무슨 일이 생길까요?

무슨 일이 생길까?

공이 유리병 위쪽으로 올라와요.

왜 그럴까?

- 고체들을 섞어 놓으면 조각들 사이에 공간이 생겨요.
- 혼합물을 흔들면 알갱이들이 재배열되어요.
- 중력이 알갱이들을 아래쪽으로 당겨요.
- 알갱이들은 안으로 들어갈 공간이 필요해요.
- 유리병을 흔들면 각각의 쌀 알갱이가 공간을 찾아요. 하지만 공이 들어갈 만큼 충분히 큰 공간은 없어요.
- 공이 위로 이동하면서 쌀 알갱이들은 아래에 자리 잡아요. 그래서 공이 아래로 내려오지 못하게 막아요. 매번 흔들 때마다 공은 위로 이동하지만 아래로 내려가지는 않아요.
- 몇 분 동안 흔든 후에는 공은 쌀 무더기에서 나와 꼭대기에 앉아 있어요.

재미있는 사실

혼합 견과류를 이용하면 또 다른 분리의 예를 볼 수 있어요. 견과류 캔을 흔들어요. 그리고 캔을 열어 봐요. 브라질너트같이 더 큰 견과류들은 위쪽에 자리 잡을 거예요. 작은 견과류들은 주로 바닥에 있을 겁니다.

아들아… 그 캔을 계속 흔들어 봐! 내가 가장 좋아하는 브라질너트가 위로 올라와 있을 거야.

땅콩 믹스

심심풀이 퀴즈

왜 결혼식장에서 쌀을 던질까요?

이 풍습은 고대 힌두교인들과 중국인들에게서 유래해요. 이 문화권에서 쌀은 성공의 상징이에요. 오늘날 쌀 대신에 새 모이를 던지기도 해요.

뜨거운 것들

우르르 꽝

분야: 열학

난이도: 중간

물이 어떻게 물 위에
뜰 수 있을까요?
수중 화산을 만들어서
알아볼까요.

준비물

작은 유리병, 물, 식품 착색제, 끈,
넓은 유리병(작은 유리병이 안으로 들어갈 만큼 커야 함), 가위

실험 방법

1 끈을 길게 잘라요. 줄의 한쪽 끝으로 작은
병의 입구(병목) 둘레를 단단히 묶어요.

2 줄의 반대쪽 끝을 병목 둘레로 다시
묶어서 고리를 만들어요.

68

3 차가운 물을 넓은 유리병의 3/4 정도 채워요.

4 작은 유리병을 뜨거운 물로 채워요.

6 끈의 고리를 이용해서 작은 병을 잡아요.

7 작은 병을 차가운 물이 든 큰 유리병 안으로 조심스럽게 내려놓아요.

5 식품 착색제를 작은 유리병에 추가해요. 빨간색이 보기에 좋겠네요.

무슨 일이 생길까?

뜨겁고 붉은 물이 병에서 올라오는데 화산에서 분출하는 연기처럼 보여요.

왜 그럴까?

- 물은 고요한 것처럼 보이지만, 그렇지 않아요.
- 물 분자들은 항상 움직이고 있어요.
- 분자들은 뜨거워지면 더 빠르게 움직여요.
- 뜨거운 물은 항상 표면으로 상승하고 차가운 물 위에 떠 있어요.
- 차가워진 분자들은 가라앉아요.

재미있는 사실

바다의 중앙 해령은 지구상에서 가장 큰 산맥이에요. 길이가 48,280km 이상이고, 폭은 거의 804km 정도예요. 거의 매일 최소한 한 개의 수중 화산이 분출해요.

> 서둘러! 뛰어! 살고 싶으면 헤엄치라는 말이야! 이제 곧 폭발할 거야!

심심풀이 퀴즈

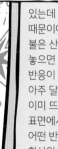

화산은 어떻게 수중에서 분출할 수 있을까요?

수중 화산은 물 안에서 분출할 수 있는데 이건 불이 아니기 때문이에요. 불은 화학 반응이에요. 불은 산소가 필요해요. 불을 수중에 놓으면 산소 공급이 끊겨요. 화학 반응이 멈추겠죠. 수중 화산들은 아주 달라요. 표면에서 보이는 것은 이미 뜨거운 물질이에요. 표면에서는 뜨겁게 만들기 위한 어떤 반응이 필요하지 않아요. 물이 화산의 분출을 '진압할' 방법이 없어요. 그건 물이 수증기로 바뀌고 나서 폭발하기 때문이에요.

33 핫도그

분야: 열학

난이도: 어려움

냠냠! 역시 피자만 한 게 없지···. 빈 상자잖아!

태양 에너지는 직접적으로 혹은 간접적으로
열과 전기 같은 다른 형태의 에너지로 변할 수 있어요.
태양 에너지로 요리도 할 수 있을까요? 태양열 오븐을 만들어서 알아봐요.

준비물

햇빛이 뜨거운 날씨, 피자 상자, 검은색 판지, 넓은 알루미늄 포일,
플라스틱 판, 풀, 테이프, 가위, 자, 마커 펜, 끈, 못, 꼬챙이,
요리할 음식(핫도그, 팬케이크)

실험 방법

1 포일을 깨끗한 피자
상자의 안쪽 바닥에
깔고 테이프로 붙여요.

2 포일을 검은색
판지로 덮고
테이프로 고정시켜요.

3 피자 상자를 플라스틱 판 위에 놓아요.

4 플라스틱 판 위에 상자의 테두리를 따라서
마커 펜으로 선을 그려요.

5 플라스틱 판을 표시한 선 0.5cm가량 안쪽으로 잘라요.

펜으로 그린 선 안에서 0.5cm 안쪽으로 자르기

6 상자 위에 모든 면에서 약 2.5cm(1in) 안으로 선을 그려요.

7 앞 선과 옆 선들을 따라서 잘라요. 뒤쪽은 자르지 않아요. 덮개를 위한 경첩 구실을 할 거예요. 덮개를 조심스럽게 접어요.

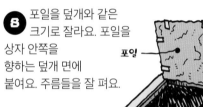

8 포일을 덮개와 같은 크기로 잘라요. 포일을 상자 안쪽을 향하는 덮개 면에 붙여요. 주름들을 잘 펴요.

포일

9 풀이 묻어 있으면 마르기 전에 젖은 수건으로 잘 닦아 내요.

10 플라스틱 판을 상자의 안쪽에 붙여요. 거울처럼 보이게 단단하게 붙여요.

여기에 플라스틱 판을 붙임

포일

11 다른 가장자리들을 잘 붙여요. 공기가 안으로 들어갈 수 없게 단단히 해야 해요.

12 상자의 길이만큼 길게 끈을 잘라요. 끈의 한쪽 끝을 덮개의 꼭대기에 붙여요.

13 끈을 묶을 수 있게 작은 못을 상자의 뒷면에 꽂아요.

14 핫도그 가운데를 통과할 수 있게 쇠꼬챙이를 꽂아요. 반으로 자르면 더 빨리 요리될 거예요.

15 핫도그를 태양열 오븐 안에 넣어요. 오븐을 뜨거운 곳에 두어요. 햇빛이 상자 안쪽으로 바로 비추어야 해요. 태양열 오븐을 사용할 가장 좋은 시간은 낮 12시에서 2시 사이예요. 이때가 햇빛이 가장 강하게 비추는 시간이거든요.

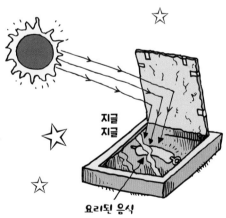

지글 지글

요리된 음식

무슨 일이 생길까?

음식이 요리됩니다. 하지만 시간이 많이 걸려요.

왜 그럴까?

• 핫도그 오븐은 태양 에너지 수집기예요. 햇빛은 반사 포일 표면을 비춰요. 반사된 햇빛이 상자 가운데에 놓인 핫도그 위에 집중됩니다.

철 수세미의 기적

분야: 열학

난이도: 중간

설거지를 다 하고 나서
너를 가지고 실험을 할 거야.
친구야!

화학 반응은 한 종류의 물질이 화학적으로 다른 물질로
변하는 것을 말해요. 태양은 하나의 거대한 화학 반응입니다.
벽난로 안의 불은 또 다른 종류의 화학 반응이에요.
우리도 화학 반응을 만들 수 있을까요?

준비물
온도계, 뚜껑 있는 깨끗한 유리병,
안쪽에 비누가 없는 철 수세미, 연필, 종이, 그릇, 식초

실험 방법

 온도계를 유리병 안에
놓아요. 뚜껑을 닫아요.

2 약 5분 정도 기다린 후에
온도를 받아 적어요.

3 유리병 바깥의 온도를 재요.

4 깨끗한 철 수세미를 작은 그릇에 담아요.

5 식초를 철 수세미 위에 부어요. 철 수세미가
식초에 완전히 잠겨야 해요. 1분 동안 푹
담가 두세요.

6 철 수세미를 밖으로 꺼낸 후에 쥐어짜요. 식초를 빼내는 거예요.

7 온도계 아래쪽의 둥근 부분을 수세미로 감싸요.

8 온도계와 철 수세미를 함께 유리병 안에 넣어요. 뚜껑을 닫아요.

9 5분 후에 온도를 봐요. 올라갔을까요? 내려갔을까요?

무슨 일이 생길까?

온도가 올라가요.

왜 그럴까?

- 식초가 철 수세미로부터 보호막을 제거해요.
- 이것 때문에 강철 안에 있는 철이 녹슬게 돼요.
- 녹스는 것은 철이 산소와 천천히 섞이는 거예요.
- 이런 화학 반응이 발생하면 열에너지가 방출돼요.
- 철의 부식 때문에 나오는 열이 온도계의 수은을 팽창시켜서 상승하게 만들어요.

재미있는 사실

철 1t은 3t의 녹으로 변해요. 자동차, 다리, 건물에 녹이 스는 것을 막기 위해 끊임없이 노력하는 이유예요.

진짜 싼 거야! 녹이 3t인 것처럼 보이지만 사실은 그 아래에 1t짜리 자동차가 있어.

심심풀이 퀴즈

왜 녹이 스는 금속이 있고 그렇지 않은 금속이 있을까요?

녹은 철이 있는 금속에서만 생겨요. 철과 습기 그리고 공기 중에 있는 산소 사이의 화학 반응의 결과지요. 산소와 습기를 금속 표면에서 멀리 떨어지게 하면 녹을 막을 수 있어요.

35 온도계를 만들어 봐요

분야: 열학
난이도: 중간

생쥐 박사가 과학을 위해
할 일들…!

온도계가 어떻게 작동하는지 볼까요?
그냥 재미로요.

준비물
투명한 약병 혹은 작은 유리병,
투명한 빨대 혹은 의학용 점적기(스포이드),
차가운 물, 숟가락, 식품 착색제, 공작용 점토, 마커 펜, 공책 종이

실험 방법

1 차가운 물을 약병에 부어요. 약 1/4 정도 채웁니다.

2 식품 착색제를 두 방울 정도 떨어뜨려요.

3 점토 한 뭉치를 가져와요. 빨대를 점토 한가운데로 찔러 넣어서 관통시켜요. 빨대 끝 안쪽에 들어간 점토를 제거해요.

4 빨대를 병 안으로 넣어요. 빨대 끝이 바닥에 닿지 않아야 해요.

5 점토로 병의 입구를 완전히 막아요. 빨대는 제자리에 있어야 해요.

6 빨대 안으로 부드럽게 바람을 불어넣어 물이 올라오도록 해요. 물이 빨대의 중간쯤 올라오면 부는 것을 멈추어요.

7 물이 올라온 위치에 마커 펜으로 선을 그어요.

8 빨대 안의 물의 높이를 받아 적어요. 이것이 방 온도에서의 높이일 겁니다.

9 양손으로 병을 감싸 쥐어요. 병 안의 혼합물의 높이가 어떻게 되는지 관찰해요.

10 다른 색깔의 펜으로 변화된 높이에 표시해요.

무슨 일이 생길까?

혼합물의 높이가 올라가요.

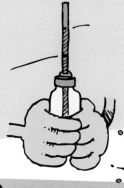

왜 그럴까?

- 따뜻해지면 온도계처럼 혼합물은 팽창해요. 액체가 더 이상 병 바닥에 딱 맞지 않는다는 것을 의미해요.
- 물이 팽창하면서, 색깔이 있는 혼합물이 빨대를 통해서 위로 이동해요.

재미있는 사실

이탈리아 물리학자 갈릴레오는 1593년에 최초의 온도계를 발명했어요.

> 맘마미아… 여기 안이 덥네! 얼마나 더운지 알 수 있게 온도계를 만들어야겠어. 이거 원… 열대 지방에 사는 것 같군!

심심풀이 퀴즈
온도는 어떻게 측정할까요?

미국에서는 화씨(Fahrenheit scale)로 나머지 나라들은 섭씨(Celsius scale)로 표시해요.

물 분자가 움직여요

36

분야: 열학

난이도: 쉬움

아주 강력하고 빠른 뜨거운 물이군!

느릿느릿한 차가운 물

아주 빠른 뜨거운 물

스스스스스스…

뜨거운 물과 차가운 물 중에서 어느 것이 빠를까요?
뜨거운 건 잡을 수 없고 차가운 건 잡을 수 있으니까 뜨거운 게 더 빠를까요?

준비물
종이컵 두 개, 핀, 유리컵 두 개, 물, 각얼음

실험 방법

1 핀으로 종이컵(두 개) 바닥 가운데에 작은
구멍을 만들어요. 두 개의 크기가 같아야 해요.

2 종이컵(두 개)을 유리컵 위에 세워 놓아요.

3 아주 차가운 물을 한쪽 컵에 반 정도 채워요.

5 다른 한 컵에 뜨거운 물을 역시 반 정도 채워요. 양쪽 종이컵에서 물방울이 유리컵 안으로 떨어지는 것을 관찰해요. 어떤 차이가 보이나요?

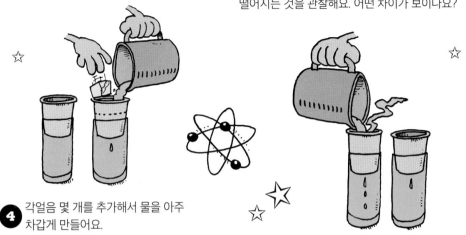

4 각얼음 몇 개를 추가해서 물을 아주 차갑게 만들어요.

무슨 일이 생길까?

구멍의 크기가 같다면, 뜨거운 물이 차가운 물보다 더 빨리 새는 게 보일 거예요. 물이 아주 차가우면 물이 새지 않을지도 몰라요.

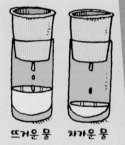

뜨거운 물   차가운 물

왜 그럴까?

- 분자는 존재하지만 우리 눈에는 보이지 않아요.
- 뜨거운 물에 있는 분자들은 차가운 물에 있을 때보다 더 빠르게 움직여요.
- 더 빠르게 움직일수록 더 쉽게 서로를 스치고 지나갈 수 있어요. 그래서 뜨거운 물이 차가운 물보다 구멍을 더 잘 빠져나가요.

재미있는 사실

식품 착색제의 도움으로 분자를 볼 수 있어요. 모양과 크기가 같은 유리컵 두 개를 가져와요. 각각의 컵에 물을 1/2가량 채워요. 한쪽 컵엔 차가운 수돗물을 나머지 한 컵에는 뜨거운 수돗물을 채워요. 각각의 컵에 식품 착색제를 두 방울 떨어뜨려요. 각각의 색깔이 물에 퍼지는 시간을 측정해요. 색깔이 물에 번지는 것은 분자들 때문이에요.

심심풀이 퀴즈
분자는 어떤 모습인가요?

분자들은 아주 작아서 현미경으로도 잘 보이지 않아요. 하지만, 과학자들은 분자들의 모형을 만드는 방법을 알고 있어요. 이 모형들은 과학자들로 하여금 분자들이 어떻게 상호 작용하는지를 연구하는데 도움을 줘요.

37 팝콘을 튀기자

분야: 열학

난이도: 어려움 + 부모님 도와주세요

오케이! 이 실험을 완성하기 위해 나에게 지금 필요한 것은 탄산음료와 영화야.

팝콘은 왜 터질까요?
부모님(선생님)의 도움이 필요해요.
이 실험은 뜨겁거든요!

준비물

튀기지 않은 팝콘(냄비 바닥을 덮을 정도), 뚜껑이 투명한 중간 크기의 냄비,
알갱이 한 컵당 기름 1/3컵(버터 사용 안 함), 조리용 스토브

실험 방법

1 냄비에 기름을 둘러요.

2 냄비를 조리용 스토브 위에 올려요.

3 기름이 아주 뜨거우니 부모님(선생님)이 도와주세요. 기름에 열을 가해요.
(기름에서 연기가 나면 너무 뜨거운 거예요.)

4 두 개의 알갱이를 넣어서 기름을 시험해 봐요. 알갱이들이 튀어 오르면, 나머지 팝콘을 넣어요.

5 부모님(선생님)께 냄비 뚜껑을 덮고 기름이 골고루 퍼지게 흔들어 달라고 해요.

6 열이 가해지면 팝콘 알갱이들의 모양과 크기를 관찰해요.

7 튀어 오르는 것이 느려지면, 냄비를 조리용 스토브에서 걷어 내요. 부모님(선생님)이 도와주세요.

무슨 일이 생길까?

팝콘 알갱이들이 작고 딱딱한 오렌지 색 알갱이에서 크고 부드럽고 하얀 모양으로 변해요.

왜 그럴까?

- 튀기지 않은 알갱이의 단단한 바깥 면은 껍질이에요. 우리가 팝콘을 먹을 때 종종 이 사이에 달라붙는 부분이지요.
- 안쪽에는 탄수화물로 가득 차 있어요. 이것이 하얗고 솜털 같은 팝콘으로 자라는 거예요.
- 알갱이 안에 있는 소량의 물이 이런 일이 생기게 만들어요. 알갱이에 열이 가해지면, 물이 증발하면서 기체로 변해요. 기체가 커지면서 껍질을 압박해요. 껍질이 부서지고, 안에 있는 탄수화물 조직이 바깥쪽으로 터져 나와요.

재미있는 사실

2000년도 런던에 당시 세계에서 가장 큰 팝콘 박스가 만들어졌어요. 박스의 크기는 1.8m×1.8m×3.6m였고, 22.2m²의 팝콘으로 채워졌어요. 가득 채우는데 다섯 시간이 걸렸어요.

세계 팝콘 신기록

이게 세계 신기록인지 아닌지 상관없어… 눈사태가 날 거야!

심심풀이 퀴즈

옛날 사람들은 어떻게 팝콘을 만들었을까요?

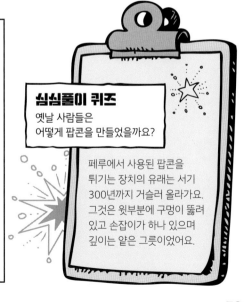

페루에서 사용된 팝콘을 튀기는 장치의 유래는 서기 300년까지 거슬러 올라가요. 그것은 윗부분에 구멍이 뚫려 있고 손잡이가 하나 있으며 깊이는 얕은 그릇이었어요.

38 빙글빙글

분야: 열학

난이도: 중간

이게 뭔가를 증명해 내야 할 텐데….

빙그르르르르르

여러분의 뜨겁고 작은 손에는 얼마나 센 힘이 있을까요? 알아봅시다.

준비물
어른의 지도, 얇은 종이, 핀, 지우개 달린 연필

생쥐 박사의 힌트
여러분의 손이 따뜻하고 사용할 종이가 가볍고 아주 얇아야 실험이 잘될 거예요.

실험 방법

1 얇은 종이를 가로 7.5cm, 세로 7.5cm의 정사각형으로 잘라요.

2 정사각형으로 자른 종이를 한쪽 대각선으로 접은 후에 펼쳐요.

3 정사각형 종이를 다른 한쪽 대각선으로도 접은 후 펼쳐요.

4 종이의 반대 면 위에서 살살 안쪽을 밀어요. 가운데 부분이 옆면들보다 약 1.25cm 정도 올라오게 만들어요.

5 꼿꼿한 핀을 연필 끝에 있는 지우개 안으로 밀어 넣어요. 핀의 2.5cm 정도가 지우개 위에 서 있게 남겨 두어요.

8 두 손을 종이의 옆면에 컵 모양으로 동그랗게 모아 쥐어요. 종이에서 약 2.5cm 정도 떨어져야 해요.

6 바닥에 앉아서 무릎 사이로 연필을 잡아요.

7 정사각형 종이를 연필의 꼭대기 위에 설치해요. 핀의 머리가 종이의 중심에 정확히 위치해야 해요. 종이의 중심은 대각선으로 접은 선이 만나는 지점이에요.

9 손이나 무릎을 움직이면 안 돼요. 1분 정도 기다린 후에 종이에 무슨 일이 생기는지 보아요.

무슨 일이 생길까?
여러분이 만든 바람개비가 회전하기 시작할 거예요. 일단 움직이기 시작하면 빙글빙글 돌 거예요.

왜 그럴까?
- 손에서 나오는 열이 주변 공기를 따뜻하게 만들어요.
- 따뜻한 공기는 위로 상승해요.
- 위로 올라가는 공기가 균형이 잘 잡힌 바람개비를 돌게 해요.

재미있는 사실
열기구는 빗속에서 날지 못해요. 풍선의 열이 풍선 위의 물을 끓일 수도 있어요. 끓는 물은 덮개의 섬유 원단을 망가뜨려요.

세계일주 모험

아무도 우산을 가져올 생각을 못 했구나.

심심풀이 퀴즈
우리의 정상 체온은 몇 도일까요?

정상 체온은 37℃예요. 온도계가 이것보다 높은 온도를 나타내면 몸에 열이 있다는 뜻이에요.

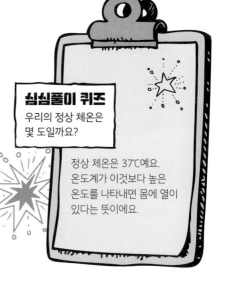

39 비가 억수로 쏟아져요

분야: 기상학

난이도: 어려움 + 부모님 도와주세요

'비가 억수로 쏟아진다 (Raining Cats and Dog)'라고 해서 하늘에서 뭔가 내려오는 줄 알았는데…

멍멍

야옹

이이야-오옹

으르르-왈왈

화분에 물을 주는 게 지겹지요?
여러분이 실험을 하는 동안
화분들을 안으로 들여놓아요.
부엌에 비가 내리게 할 거예요.

준비물
작은 냄비, 물, 각얼음, 얼음 트레이,
오븐용 장갑, 어른의 지도

실험 방법

1 냄비에 물을 준비해요.

2 물에서 김이 날 때까지 물을 끓여요.
부모님(선생님)이 도와주세요.

❸ 얼음 트레이를 증기 위에 들고 있어요. 손을 보호하기 위해 오븐 장갑을 끼도록 해요.

❹ 트레이 바닥에 물방울이 생길 때까지 들고 있어요.

무슨 일이 생길까?

물방울이 무거워지고 비처럼 아래로 떨어져요.

왜 그럴까?

- 얼음 트레이의 차가운 표면이 끓는 물에서 나오는 증기를 차갑게 만들어요.
- 증기는 물로 다시 변하고 뭉쳐서 물방울이 만들어져요.
- 물방울들이 더 커지고 무거워지면 비가 내려요.
- 끓는 물은 수증기가 되어 공기 중으로 증발하는 물과 같아요.
- 수증기가 상승하면 차갑게 식어요. 작은 물방울들이 만들어질 때 구름이 생겨요. 그런 작은 물방울들이 습기를 더 모으면서 무거워지면 비가 되어서 아래로 떨어져요.

재미있는 사실

비가 내리기 시작할 때 판지 한 장을 바깥에서 들고 있으면 빗방울의 크기를 잴 수 있어요. 폭우 한 번에 약 113방울이 떨어져요.

판지로 만든 우량계. 이 정도 젖었으면 심한 열대 폭풍우나 허리케인이 지나갔다고 볼 수 있어!

심심풀이 퀴즈

세계에서 가장 습한 곳은 어디일까요? '물속'이라고 말하지 말아요.

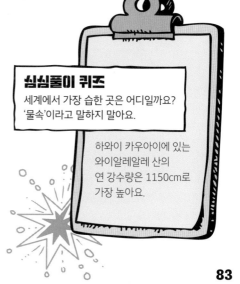

하와이 카우아이에 있는 와이알레알레 산의 연 강수량은 1150cm로 가장 높아요.

83

40 30초 구름

분야: 기상학

난이도: 중간

구름은 증발된 물을 머금은
공기가 차가워질 때 만들어져요.
유리병에 구름을 만들어 보아요.

준비물
뚜껑이 있는 큰 유리병, 물,
하얀 분필, 지퍼 백, 둥근 풍선,
가위, 두꺼운 고무줄

오… 마이… 갓!
아주 짧은
소나기였어!

실험 방법

1 약간의 물을 유리병에 부어요. 뚜껑을
단단히 닫아요. 20분 동안 그대로 두어요.

2 흰색 분필을 지퍼 백에 넣고, 잘 닫아요.

3 손으로 분필을
으깨어 가루로
만들어요.

4 풍선의 입부분을 잘라
내요.

5 유리병의 뚜껑을 열고, 분필 가루를 병
안으로 넣어요.

84

6 병의 입구를 풍선으로 잽싸게 덮어요.

고무줄

7 고무줄로 병 입구 둘레를 감싸고 풍선을 팽팽하게 만들어요.

8 주먹으로 풍선을 아래로 눌러서 공기를 압박해요. 그 상태로 30초 동안 유지해요.

☆

9 풍선을 떼어 내요. 무엇이 보이나요?

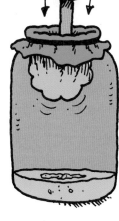

☆ ☆

무슨 일이 생길까?

구름이 만들어졌어요.

☆ ☆

왜 그럴까?

- 차가운 공기는 수증기를 많이 가지고 있을 수 없어요. 수증기의 일부는 응축되어서 구름을 만들어요.
- 유리병 안에 있는 공기를 압축하면 공기는 따뜻해지고, 더 많은 수증기를 흡수해요.
- 풍선으로 만든 마개를 떼어 내면, 따뜻했던 공기가 식어요. 증발된 물의 일부는 분필 먼지 위에서 응축되고, 구름을 만들지요.

재미있는 사실

네 가지의 주요한 구름들과 모양이 여기 있어요. 적운, 층운, 권운, 비구름

적운   층운

권운   비구름

기분 나쁜 폭풍우 구름

심심풀이 퀴즈

'9번 구름 위에서(on cloud nine)'라는 표현은 어디에서 유래했을까요?

'9번 구름 위에' 있다는 것은 아주 행복하다는 뜻이에요. 이탈리아의 유명한 작가인 단테(Dante)는 천국으로 가는 열 개의 계단에 관한 책을 썼어요. 구름이 계단으로 사용되었어요. 9번 구름은 여러분이 신(God)과 가까워졌다는 것을 의미하지요.

41 고무에 열을 쬐어 봐요

분야: 열학

난이도: 쉬움

대부분의 물질들은 열을 받으면 팽창하지만, 약간 다른 것들도 있어요.
헤어드라이어를 켜고 고무줄에 열을 가해 봐요.
무슨 일이 생기나요?

준비물

큰 고무줄, 헤어드라이어, 플라스틱 캐릭터 인형 같은 작고 가벼운 장난감,
고무줄을 걸어 놓을 고리나 문손잡이, 작은 테이블

실험 방법

1 장난감을 고무줄의 한쪽 끝에 붙여요.

2 장난감이 아래로 늘어지도록 고무줄을 고리나 문손잡이에 매달아요.

3 작은 테이블을 장난감 바로 아래에 위치시켜요. 장난감이 테이블에 닿아 있어야 해요.

4 헤어드라이어를 사용해서 고무줄이 아주 따뜻해질 때까지 열을 가해요. (시간이 오래 걸리지는 않을 거예요. 고무줄이 녹지 않게 주의해요.)

5 고무줄에 열이 가해지는 동안 장난감에는 무슨 일이 생기고 있나요?

무슨 일이 생길까?

• 고무줄에 열을 가하면 플라스틱 장남감이 테이블 위에서 들어 올려져요.
• 열을 가한 후에 다시 식히면, 장난감이 다시 테이블 위로 내려와요.

왜 그럴까?

• 대부분의 물질들과는 달리 고무는 열을 받으면 쪼그라들어요.
• 고무 분자들은 열을 받으면 더 많이 움직이고 서로 엉키게 되어요.

 재미있는 사실

오늘날 사용되는 고무에는 두 가지 종류가 있어요. 천연 고무는 라텍스라고 불리는 액체에서 나와요. 라텍스는 특별한 고무나무에서 수확되어요. 합성 고무는 화학 물질로 만들어져요. 그중에서 다수는 석유와 석탄 같은 화석 연료에서 나와요.

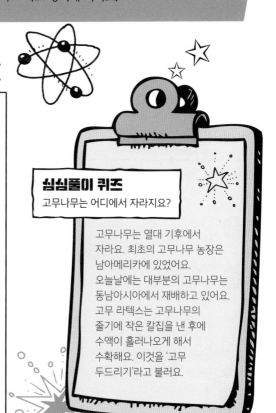

심심풀이 퀴즈
고무나무는 어디에서 자라지요?

고무나무는 열대 기후에서 자라요. 최초의 고무나무 농장은 남아메리카에 있었어요. 오늘날에는 대부분의 고무나무는 동남아시아에서 재배하고 있어요. 고무 라텍스는 고무나무의 줄기에 작은 칼집을 낸 후에 수액이 흘러나오게 해서 수확해요. 이것을 '고무 두드리기'라고 불러요.

우리 눈 안에서 빛나는 별들

42 여러 모습들 중 하나야

분야: 천문학
난이도: 중간

달이 이 생치즈로 만들어졌는지 궁금하군… 냠냠! 군침이 돌고 있어!

"단지 어떤 단계를 지나고 있는 거야"라는 말을 들어 본 적이 있지요?
달도 어떤 단계를 통과해요.
하지만, 원래 크기보다 커지지는 않아요.

준비물
5cm 혹은 그보다 더 큰 하얀색 스티로폼 공,
밝은 전구(400W)가 있는 전등,
날카로운 연필

생쥐 박사의 힌트
어느 누구의 머리도 이 실험을 방해하지 못하게 해요.
안 그러면, 월식이 발생할 거예요.

실험 방법

1 전등을 방의 중앙에 세워 놓아요.

2 전등의 갓을 걷어 내요. 여러분이 전구를 직접 볼 수 있어야 해요.

3 스티로폼 공을 날카로운 연필 끝에 꽂아요.

4 연필을 왼손으로 잡아요.

5 스티로폼 공을 한 팔의 길이로 전구를 향해 뻗어요. 공은 전구와 여러분의 눈 사이에 있어요. 전구는 태양이고, 공은 달이에요. 여러분은 지구입니다.

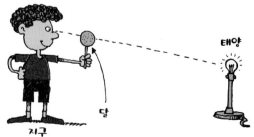

태양

달

지구

6 공(달)이 전구(태양)를 막고 있어요. 개기일식이 이렇게 생기는 거예요.

7 공(달)을 움직이면 전구(태양)를 볼 수 있어요. 여러분의 달을 보아요. 모든 빛이 먼 쪽 면에 비춰요. 여러분이 보고 있는 면의 반대쪽이지요. 이 단계를 합삭(new moon)이라고 해요. 합삭이란 달이 태양과 지구 사이에 들어가 일직선을 이루는 때를 말해요. 달이 빛을 반사하지 않아 보이지 않는데 흔히 일식 현상이 일어난답니다.

☆

8 손을 왼쪽으로 이동시켜요. 시계 반대 방향으로 약 45°요. 달 위에 비친 빛을 봐요. 오른쪽 끝이 초승달처럼 비춰져요. 초승달은 아주 얇은 모습으로 시작해요. 초승달이 태양에서 더 멀리 움직이면서 살이 차올라요.

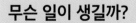

☆

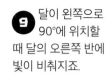

9 달이 왼쪽으로 90°에 위치할 때 달의 오른쪽 반에 빛이 비춰지죠.

10 손을 계속 시계 반대 방향으로 움직여요. 달이 태양의 정반대에 도착할 때 지구에서 보이는 부분에 꽉 차게 비추죠. 물론, 달 전체의 반에만 빛이 비추는 거예요. 합삭(new moon)에서 보름달(망, full moon)까지 이동하는데 약 2주 걸렸어요.

11 연필을 오른손으로 옮겨요. 전등을 마주해요.

12 달을 보름달 위치에서 시작해요. 시계 반대 방향으로 계속 이동해요. 여러분은 달의 반대 면을 보게 될 거예요. 달이 270°의 위치에 도착하죠. 오른쪽으로 쭉 뻗은 상태지요. 이렇게 해서 얇은 초승달에서부터 합삭(new moon)으로 돌아오는 거예요.

무슨 일이 생길까?

달은 낮과 밤하늘을 가로질러 태양을 쫓아가요.

왜 그럴까?

• 달의 위상 변화 주기는 29.53일이 걸려요. 진짜 달을 관찰해 봐요. 대부분의 신문들은 날씨 정보와 함께 달의 위상에 관한 정보도 제공해요.

유성을 만나요

분야: 천문학

난이도: 쉬움

우와! 이것 좀 봐! 아주 작은 무언가가 우주 저편에서 온 것 같아!

유성은 부서진 혜성이나 소행성의 작은 조각들인데, 지구의 대기에 들어오면서 불타요. 이게 사실인지 알아보아요.

준비물
큰 탄산음료 병, 따뜻한 물, 탄산 알약

실험 방법

1 따뜻한 수돗물로 병을 가득 채워요.

2 탄산 알약을 병 안으로 떨어뜨려요. 무슨 일이 생기는지 지켜봐요.

무슨 일이 생길까?

탄산 알약이 작은 조각들로 부서져요.
이런 조각들은 병 바닥으로
내려가면서 사라져요.

왜 그럴까?

- 물은 지구의 대기이고, 알약은 유성이에요.
- 유성처럼 알약은 병 바닥으로 떨어지면서 많은 작은
  조각들로 부서져요. 병 바닥은 지구의 표면이에요.
- 유성은 엄청난 속도로 우주를 여행해요.
- 유성의 표면이 지구 대기에 맞대면서 마찰이 생겨요.
  이런 작용 때문에 유성이 열을 받으면서 부서지고
  폭발해서 우주 먼지가 되고 말아요.

심심풀이 퀴즈
마찰에는 어떤 종류가 있나요?

주요한 마찰의 종류는 두 가지예요.
정적인 것과 동적인 것이에요.
정적인 마찰은 어떤 물체가
정지하거나 움직이지 않을 때
움직임에 대한 저항의 양이에요.
운동 마찰은 움직이는 물체에 있는
저항이에요. 운동 마찰은
미끄러지거나 굴러가는
마찰일 수 있어요.

재미있는 사실

매일 천 톤의 운석 먼지가 지구에 떨어져요.

으으으으…
운석 먼지!

유성 먼지

분야: 천문학

난이도: 쉬움

아마도 이건 명왕성에서 날아온 작은 조각인가!

뒤뜰에 운석이 떨어진 적이 있나요?
이 실험을 해 봐요. 깜짝 놀랄 걸요.

준비물
하얀 종이, 작은 페인트 붓, 유리병, 자석, 현미경

실험 방법

1 집 안에서 공중에 떠다니는 작은 입자들이 모이는 곳을
찾아요. 창문, 방충망, 외부 배수구의 바닥 같은
곳이지요.

2 붓을 이용해서 입자들을 수집해요. 잘 마른 것들이어야
하고 작은 병에 모아야 해요.

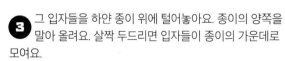

3 그 입자들을 하얀 종이 위에 털어놓아요. 종이의 양쪽을
말아 올려요. 살짝 두드리면 입자들이 종이의 가운데로
모여요.

4 자석을 종이 아래에 대요.

5 종이를 살짝 기울이면서
두드리면, 비자기성 입자들은
흘러내려요. 무엇이 남았나요?

무슨 일이 생길까?

남아 있는 금속성 입자들은 우주 먼지의 조각들이에요! 자세히 보려면, 종이를 현미경
아래로 가져가요. 선명하게 보기 위해서는 높은 배율로 봐야 해요. 유성 먼지들은 지구의
대기를 통과하면서 불에 타는 여행을 했다는 증거를 보여 주지요. 표면에 작은
구덩이들이 있을지도 몰라요.

> 와!
> 운석 소나기가
> 쏟아지고
> 있구나!

왜 그럴까?

- 수많은 우주 먼지와 잔해들이 매일 지구로
  쏟아져요.
- 우리가 본 것들 중 많은 것들은 태양계가
  만들어졌을 때부터 있던 입자들이에요.
- 우리가 아는 여덟 개의 행성과 소행성을 만들었던
  원재료에서 남은 파편이지요. 40억~50억 년 전
  일이네요!
- 대부분의 입자들은 더 큰 물체에서부터 부서져
  나왔거나 잘게 갈아진 것들이지요.

재미있는 사실

별똥별들은 진짜 별이 아니라, 지구의 대기 상층부에
부딪쳐서 안으로 들어온 암석과 금속의 작은 조각들입니다.
마찰 때문에 불타는 거예요. 때때로 인공위성들이나
우주선들의 일부가 대기로 떨어져 내려오기도 해요.
마찬가지로 불타면서 떨어져요.

> 음… 인공위성이
> 지구의 대기를
> 통과하는 걸 보니 위성
> 중계방송 중인가 봐…!

심심풀이 퀴즈

운석의 조각들이
왜 그렇게 중요할까요?

운석들은 아주 중요해서
과학자들이 연구하고 있어요.
아폴로와 달 탐사선들이
가져온 작은 양의 월석(moon
rock)을 제외하고, 운석은 지구
너머 저편에 우주가
존재한다는 유일한 물질적인
증거이거든요.

과학의 소리

45 빨대 오보에

분야: 음향학

난이도: 쉬움

아아아… 내가 가장 좋아하는 오보에 협주곡!

지(G) 마이너 빨대 협주곡 실황 공연이 마음에 들었기를 바라.

내겐 오보에처럼 들렸다고!

시끄러운 소리를 원하는 대로 낼 수 있는 기회예요. 여러분이 만든 소음을 과학 때문이라고 말해도 돼요.

준비물 ☆

빨대, 가위 ☆

생쥐 박사의 힌트

이 실험은 다른 가족들이 아직 자고 있을 일요일 아침에 해 봐요. 침실 문 앞에 서서 하는 게 최고예요.

실험 방법

1 빨대 끝에 12-19mm 길이 정도 꼭 집어서 눌러요.

2 작은 삼각형 모양으로 잘라서 떼어 내요. 입에 무는 리드(reed)가 만들어졌어요.

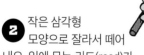

3 빨대를 입 안에 충분히 넣어요. 입술이 삼각형 모양의 모서리에 닿지 않게 해요.

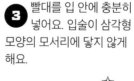

☆

4 빨대를 입술로 눌러요. 너무 세게 하지는 마요. 부드럽게 바람을 불어요. 소리를 들어 봐요. 계속 시도해 봐요. 여러 번 해야 할 수도 있어요.

94

5 빨대 길이를 따라 2.5cm 간격으로 째서 세 개의 작은 틈을 만들어요.

7 구멍들 중 하나를 막고 조금 전에 한 것처럼 바람을 불어요.

6 그 틈들을 벌려서 작은 구멍을 만들어요.

8 그 다음엔 두 개, 그리고 세 개를 막고 각각 바람을 불어요. 소리를 계속 들어요.

무슨 일이 생길까?

바람을 불 때마다 다른 소리가 들려요. 구멍을 막았다 열었다 하면서 간단한 연주를 할 수 있어요.

왜 그럴까?

- 실제 오보에처럼 리드(reed)가 빠른 속도로 열렸다가 닫혀요.
- 처음에는 공기가 빨대 안으로 들어가게 하고 그 다음에는 공기의 흐름을 멈추게 해요.
- 떨리는 공기가 소리를 만들어요.
- 구멍을 막았다 열었다 하면서 공기 기둥의 길이를 조절할 수 있어요. 이렇게 소리의 높이를 결정해요.
- 공기 기둥이 짧을수록 공기가 더 빠르게 떨리고 음이 높아져요.

재미있는 사실

소리를 내는 또 다른 방법이 있어요. 5cm의 정사각형 모양의 셀로판지를 이용해 봐요. 양손의 엄지와 검지 사이에 셀로판지를 팽팽하게 잡아당겨요. 손을 얼굴 앞에 대고 셀로판지를 입술 앞에 가까이 대요. 팽팽하게 펼쳐진 셀로판지 조각의 가장자리에 강하고 빠르게 바람을 불어요. 위아래 입술이 가까이 붙어 있어야 해요. 가느다란 공기의 흐름을 똑바로 셀로판지의 가장자리에 보내야 해요.
소리가 들리나요? 공기가 셀로판지의 가장자리에 닿을 때, 날카로운 소리가 날 거예요. 소리가 나지 않으면, 공기가 셀로판지를 똑바로 때릴 때까지 셀로판지와 입술 사이의 거리를 다르게 해 봐요. 입술에서 빠르게 나오는 공기가 셀로판지의 가장자리를 떨게 만들어요. 빠르게 진동할수록, 더 높은 음을 만들어 내요.

심심풀이 퀴즈

오케스트라의 모든 악기, 즉 악단의 모든 악기가 자신들의 음정을 조정하도록 하는 '조율음(tuning note)'을 내는 악기는 무엇일까요?

오보에는 오케스트라의 나머지 악기들을 위해 조율음을 내요. 오보에는 두 개의 리드(double reed)로 소리를 내는데, 위아래로 결합되어 있어요.

옆집은 아이들이 바이올린, 트럼펫 심지어 드럼까지 연주한다고 자랑하던데… 우리 아이는 셀로판지를 연주한다고 자랑해야겠어…

에 에 에 에 에 에 에 에 에 에
에 에 에 에 에 에 에 에 에 에

46 소금을 흔들어

분야: 음향학

난이도: 쉬움

저기 있는 소금은 1초 전에는 후추 옆에 있었던 것 같은데… 이 실험의 일부임에 틀림없어!

식탁에서 아무도 소금을 건네주지 않으면 기분이 나쁘겠지요?
손대지 않고 소금을 움직여 볼까요? 미스테리일까요?
마술일까요? 아니면 과학일까요?

준비물
고무줄, 비닐, 큰 원통형 용기, 나무 자, 작은 원통형 용기, 소금

실험 방법

① 비닐을 큰 원통의 입구 위를 덮어서 팽팽하게 당깁니다.

② 고무줄로 비닐을 둘러서 고정해요.

3 비닐 위에 소금을 약간 뿌려요.

4 작은 원통을 손에 쥐고 소금 가까이 대요. 통의 옆면을 자로 두드려요. 소금에 무슨 일이 생길 것 같나요?

무슨 일이 생길까?

소금이 움직여요! 작은 통을 다른 위치에서 두드리거나 다른 방향으로 쥐어 봐요. 소금을 가장 많이 움직이게 하기 위해 작은 통을 어떻게 잡고 두드려야 하는지 알아봐요.

왜 그럴까?

- 소리의 진동은 공기를 통해 이동해요. 공기의 진동이 통 위에 덧씌워진 비닐을 때리면, 통이 떨려요.
- 그래서 소금이 튀어 올라요.
- 우리의 귀에도 드럼이 있어요.
- 고막이라고 불려요. 역시 소리의 진동 때문에 작동해요.

 재미있는 사실

손가락의 가벼운 두드림이 큰 소리를 내게 만들 수 있어요. 테이블 옆에 앉아서 테이블 윗면에 귀를 바짝 대요. 귀에서 약 30cm 떨어진 지점에서 테이블의 표면을 손가락으로 두드려요. 강하게 두드렸다가 약하게 두드려요. 소리를 그냥 들을 때보다 소리가 훨씬 더 크게 들려요. 이것은 음파가 고체를 통해서도 이동하기 때문이에요. 나무처럼 많은 고체들이 음파를 공기보다 훨씬 더 잘 운반해요. 나무 안에 있는 분자들이 공기에 있는 분자들보다 서로 더 가까이 있기 때문이에요.

그게 과학 실험이니? 내 생각에는 콩을 먹기 싫어서 핑계대는 것 같구나.

심심풀이 퀴즈

소리는 얼마나 빨리 이동할까요?

소리는 공기 중에서 초속 약 344m의 속도로 이동해요. 빛의 속도는 1초에 약 300,000km를 이동해요. 우리가 뇌우로부터 얼마나 멀리 떨어져 있는지 알아보려면, 번개가 번쩍이는 것을 보고 나서 천둥소리를 듣는 사이에 몇 초가 흘러갔는지 세어 봐요. 초의 수를 5(mile 계산)나 3(km 계산)으로 나누어요. 뇌우가 얼마나 멀리 떨어져 있나요?

47 현악 합주단

분야: 음향학

난이도: 쉬움

어렸을 때 '현악기' 연주 연습을 했었지.
더 이상 하지 않은 거를 감사해야지…!

현악기들은 줄을 떨게 해서 소리를 내요.
여러분도 할 수 있는지 볼까요?

준비물

줄(끈) 두 가닥, 종이컵, 클립, 작은 통, 물

실험 방법

1 조그만 통에 물을 반 정도 채워요.

2 클립 하나를 줄의 끝부분에 묶어요.

3 나머지 줄 하나를 종이컵에 있는 구멍을 통해 넣어요.

4 두 번째 클립을 종이컵 안에 있는 줄의 끝부분에 묶어요.

5 컵이 없는 줄의 클립을 잡고 들어 올려요.

6 손가락 끝을 물통 안의 물로 적셔요.

7 손가락 끝으로 클립 근처 줄을 집어요. 손가락을 줄을 따라서 아래로 쓸어내려요. 어떤 소리가 들려야 해요.

8 줄을 아래로 늘어뜨린 채로 종이컵을 들어 올려요.

9 손가락을 다시 적셔요.

10 줄을 집고 손가락을 아래로 쓸어내려요. 또 다른 소리가 들려요. 두 소리에 어떤 차이가 있나요?

무슨 일이 생길까?

컵에서 나오는 소리가 더 커요.

왜 그럴까?

- 줄에서 나오는 진동이 컵도 떨게 만들어요.
- 컵이 더 크기 때문에 더 많은 공기를 이동시켜요. 그래서 더 큰 소리를 내죠.
- 바이올린 같은 악기에도 같은 일이 발생해요. 떨리는 줄들이 나무로 만든 몸체를 떨게 만들어요. 이것이 더 큰 소리를 만들어 내요.

재미있는 사실

악기에서 여분의 주파수들을 배음(overtone)이라고 불러요. 배음(overtones)이 기본 주파수와 가까워지면 우리 뇌는 단일한 음높이로 인식해요. 악기들은 다른 강도의 배음을 갖고 있어요. 그래서 사람마다 목소리가 다르게 들려요. 심지어 정확히 똑같은 음높이로 노래를 불러도 말이죠.

좋아… 좋아! 남들과 다른 노래를 부르면서 음이탈까지 하는 사람이 누구지?

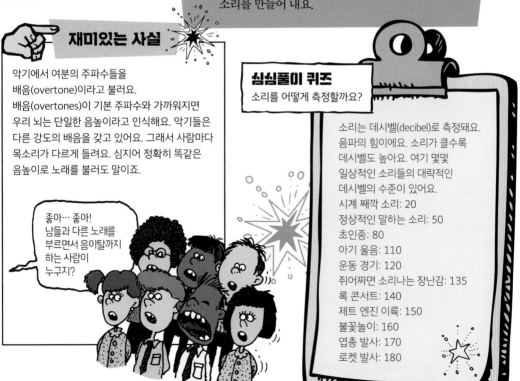

심심풀이 퀴즈
소리를 어떻게 측정할까요?

소리는 데시벨(decibel)로 측정돼요. 음파의 힘이에요. 소리가 클수록 데시벨도 높아요. 여기 몇몇 일상적인 소리들의 대략적인 데시벨의 수준이 있어요.
시계 째깍 소리: 20
정상적인 말하는 소리: 50
초인종: 80
아기 울음: 110
운동 경기: 120
쥐어짜면 소리나는 장난감: 135
록 콘서트: 140
제트 엔진 이륙: 150
불꽃놀이: 160
엽총 발사: 170
로켓 발사: 180

48 땅! 땅! 땅!

분야: 음향학
난이도: 쉬움

실험을 위해 할 것들이야!

숟가락이 어떻게
종소리를 낼 수 있을까요?
이건 수수께끼가 아니라 과학입니다!

준비물
가위, 줄,
금속 스푼(티스푼, 수프용 스푼, 테이블 스푼)

생쥐 박사의 힌트
스푼들에 물기가 없어야 해요.
온 방바닥에 물을 뿌리고 싶지 않으니까요.

실험 방법

1 줄을 75cm 길이로 잘라요.

2 줄 가운데에 고리 모양으로 묶어요. 하지만,
당겨서 매듭을 짓지는 말아요.

3 고리 안으로 티스푼을 놓아요. 스푼이
빠져나가지 않게 고리를 단단히 당겨요.

4 둥근 부분이 손잡이보다 약간 낮게
매달리도록 스푼을 이동시켜요.

5 줄의 한쪽 끝을
오른쪽 귀의
바깥쪽에 대고 눌러요.

6 다른 한쪽 끝을 왼쪽 귀의 바깥쪽에 대고 눌러요.

7 스푼이 테이블의 가장자리에 닿도록 줄을 살살 흔들어요. 무슨 소리가 들리나요?

헤이…
소리가 멋지군!

덜컹 덜컹

무슨 일이 생길까?

스푼을 살살 흔들면 벨 소리가 들려요! 수프 스푼을 사용해서 반복해서 실험을 해 봐요. 소리에서 차이를 들어 봐요. 이번에는 테이블 스푼으로 해 봐요. 크기가 클수록, 더 깊은 소리가 나요.

분명히 에밀레 종 소리가 날 거야.

왜 그럴까?

- 스푼의 금속은 테이블에 닿으면서 진동을 시작해요.
- 줄은 이 진동을 전달해요.
- 스푼의 분자들이 앞뒤로 움직이면서(진동하면서), 서로 부딪쳐요.
- 분자들이 부딪칠 때 에너지가 한 분자에서 다른 분자로 이동해요.
- 스푼의 진동하는 분자들이 줄의 분자들과 부딪쳐요.
- 줄은 공기보다 음파를 더 잘 운반할 뿐만 아니라, 음파를 귀로 보내요. 이게 깊은 종소리가 들리는 이유지요.

재미있는 사실

인도의 뱀을 부리는 사람들은 뱀을 홀리기 위해 구식 전통 음악을 연주하지 않아요. 대신, 인기 있는 최신 인도 영화 음악을 들려줘요.

영화 주제곡을 틀어 줄 때까지는 나갈 생각이 없어… "그녀는 어느 날 밤 펀자브에서 함께 한 탄두리 요리를 앞에 두고 나를 떠났어요."

심심풀이 퀴즈
우리는 어떻게 소리를 들을까요?

공기 중에서의 움직임 때문에 소리를 들을 수 있어요. 소리의 근원이 진동하면서 공기 분자를 이리저리 움직이게 해요. 차례로 주위의 공기 분자들을 떨리게 해요. 소리는 공기를 통해 우리의 귀로 들어옵니다. 귀 안에 있는 공기 분자들이 떨기 시작할 때, 고막이 진동해요. 진동의 움직임이 귀 안쪽으로 전달돼요. 그러고 나서 신경이 그 정보를 뇌로 전달하고 우리는 소리를 들어요.

우리 몸은 바빠요

49 나도 감기에 걸렸어요

분야: 해부학

난이도: 어려움 + 부모님 도와주세요

에취! 심한 감기에 걸렸군!!

농담이야! 이건 또 다른 실험이거든!

친구들이 감기에 걸려서 관심을 많이 받으면 소외감을 느끼지 않나요? 콧물을 직접 만들어 봐요! 진짜 콧물처럼 역겨워 보이지만 여러분이 진짜로 아플 필요는 없어요.

준비물

옥수수 시럽, 향이 첨가되지 않은 젤라틴, 개량 컵, 물, 전자레인지 또는 스토브, 녹색 식품 착색제(선택 사항임. 혼합물을 더 역겨워 보이게 만듦), 포크, 냄비

실험 방법

1 물 1/2컵이 끓을 때까지 열을 가해요. 부모님(선생님)이 도와주세요.

2 물을 끓이던 불을 꺼요. 식품 착색제 한 방울을 물에 떨어뜨려요.

3 향이 없는 젤라틴 세 봉지를 뿌려요.

4 몇 분 동안 부드럽게 한 후에 포크로 저어요.

5 옥수수 시럽을 충분히 추가해서 걸쭉한 혼합물 한 컵을 만들어요.

으으으!
손수건이
어디에
있지?

6 포크로 저으면서 길고 끈적끈적한 가닥을 들어 올려요.

7 끈적끈적한 혼합물이 식을 때 물을 더 넣어야 해요. 한 숟가락씩 말이에요.

무슨 일이 생길까?

가짜 콧물이 만들어졌어요.

왜 그럴까?

• 콧물은 주로 설탕과 단백질로 만들어져요. 이게 우리가 가짜 콧물을 만들기 위해 사용한 것이에요. 단지 다른 단백질과 다른 설탕을 이용했을 뿐이에요.

• 가짜 콧물 안에 있는 길고 가는 줄들이 단백질이에요. 진짜 콧물이 꽤 길게 늘어날 수 있는 이유지요.

• 단백질은 콧물이 끈적끈적해지게 만들어요. 가짜 콧물 안에 있는 단백질은 젤라틴이에요.

재미있는 사실

약간의 미세한 먼지를 가짜 콧물에 뿌려요. 이제 저어요. 찐득찐득한 물질을 옆에서 자세히 지켜봐요. 미세한 먼지가 갇혔어요. 이것이 우리 코 안에 콧물이 있는 이유예요. 콧물은 먼지, 꽃가루 그리고 공기 중에 떠다니는 이물질들을 잡아 가두어요. 코를 풀면 콧물과 함께 대부분의 먼지들이 함께 나와요.

이 손수건 안에 실제로 있는 것을 보고 싶지는 않을 거야⋯. 이건 진짜라고!

심심풀이 퀴즈

위 안에는 염산이 들어 있어요.
염산은 금속 아연 조각을 부식시킬 만큼 강해요.
왜 염산은 우리를 녹이지 못할까요?

위가 염산에 의해 파괴되지 않는 이유는 점액 덕택이에요. 점액은 두껍고, 끈적거리고 미끈거려요. 위의 안쪽은 이런 점액으로 덮여 있어요. 점액층이 위산으로부터 위를 보호해요. 위는 2주마다 새로운 점액층을 만들어야 해요. 그렇지 않으면 스스로를 소화시킬 거예요.

50 아직 살아 있지?

분야: 해부학
난이도: 쉬움

소리 에너지는 구석구석 모든 방향으로 이동해요.
더 많은 에너지를 모아서 한곳으로 가져오는 것이 가능할까요?

준비물
물 호스/플라스틱 관, 깔때기, 친구

생쥐 박사의 힌트
친구를 팔짝 뛰게 만들고 싶으면, 얼음을 물 호스의
끝부분에 문지른 후에 호스를 친구의 가슴에 대요.

실험 방법

1 깔때기를 3m 호스의 한쪽 끝부분에 끼워 넣어요.
깔때기가 밖으로 떨어져 나오지 않게 호스 안으로
단단히 비틀어 넣어요. 의사가 쓰는 것과 같은 청진기가
만들어졌어요.

2 친구로 하여금 깔때기의 넓은 입구를 가슴에 바짝
대도록 해요.

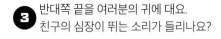

3 반대쪽 끝을 여러분의 귀에 대요. 친구의 심장이 뛰는 소리가 들리나요?

무슨 소리가 나?

쿵… 쿵쿵… 쿵

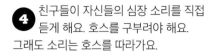

4 친구들이 자신들의 심장 소리를 직접 듣게 해요. 호스를 구부려야 해요. 그래도 소리는 호스를 따라가요.

어… 살아 있는 것 같은데…. 깔때기가 없으니까 심장 소리가 들리지 않아!

5 서로의 심장 소리를 들어 본 후에 깔때기를 호스에서 빼요. 호스만을 이용해서 친구의 심장 소리를 들어 봐요. 잘 들리나요?

무슨 일이 생길까?

아마도 깔때기가 없으면 심장이 뛰는 소리가 들리지 않을 거예요.

왜 그럴까?

• 깔때기는 원뿔형이에요. 소리 에너지를 많이 모아서 호스 안에서 집중시켜요. 깔때기를 사용하면, 더 많은 에너지가 귀까지 닿아요. 즉, 심장 박동 소리가 더 크게 들려요.

재미있는 사실

시계를 테이블 위에 올려놓아요. 째깍째깍 소리가 들릴 때까지 머리를 시계 쪽으로 움직여요. 얼마나 떨어져 있는지 재요. 방금 잰 거리보다 더 긴 판지 관(cardboard tube)을 가져와요. 판지 관을 귀에 대요. 시계 소리가 들리나요? 음파가 관의 아래쪽에서 좌우로 튀어 올라서 공기 중으로 빠져나갈 수 없어요.

심심풀이 퀴즈
청진기는 누가 발명했을까요?

프랑스인 의사 르네 라에네크(Rene Laennec)가 1819년에 청진기를 발명했어요. 30cm 정도 길이의 나무로 만든 관이었어요.

똑딱똑딱… 똑딱똑딱… 소리 같은데….

무슨 소리가 들려?

51

지문을 찍어요

분야: 해부학

난이도: 쉬움

쥐의
지문이에요.
정확히 말하면
실험실 쥐예요!

손가락 끝을 봐요.
피부 안에 있는 홈을 봐요.
홈들이 지문이라고 하는
무늬를 만들어요.
지문이 어떻게 생겼는지 볼까요?

준비물
잉크, 스탬프 판 또는 연필, 하얀 종이,
투명 테이프, 돋보기

실험 방법: 잉크 사용

1 소량의 잉크를 스탬프 판에 부어요.
스펀지 조각과 접시를 사용해도
괜찮아요.

2 손가락 끝을 잉크에
살짝 적셔요.

3 손가락을 떼요.

4 잉크가 묻은 손가락을 하얀 종이
위에 조심스럽게 찍어요.

실험 방법: 연필 사용

1 날카로운 연필로 흑연층이 생길 때까지 종이에
문질러요.

2 종이에 묻어 있는 흑연에 손가락 끝을 문질러요.

3 투명 테이프를 약 2.5cm 정도 떼어 내서 흑연이 묻은 손가락 끝에 붙여요.

4 테이프를 떼어서 하얀 종이 위에 붙여요.

5 지문 모두를 찍을 때까지 반복해요. 돋보기를 사용해서 각각의 무늬를 자세히 살펴봐요.

왼손

오른손

왜 그럴까?

- 피부의 안쪽 층은 진피(dermis)예요. 진피에는 돌기들이 있어요.
- 피부의 바깥쪽 층은 표피(epidermis)예요. 표피는 돌기들에 들어맞고, 똑같은 무늬를 띠어요.
- 이런 돌기들은 아기가 태어나기 5개월 전에 만들어져요. 그러고는 절대 변하지 않아요.

무슨 일이 생길까?

각 지문 위에 있는 패턴은 똑같아요.

재미있는 사실

지문은 사람들이 누구인지 식별하는데 유용해요. 이 세상에 어느 누구도 똑같은 지문을 가지고 있지 않기 때문이에요. 경찰이 범죄를 해결할 때 지문을 활용해요. 누가 범죄 현장에 있었는지 알 수 있다는 뜻이에요. 현장에서 나온 지문을 용의자의 지문과 확인해요.

무슨 도둑이 손에 잉크를 묻히고 일하지?

잡히고 싶어서 그런 거지!

심심풀이 퀴즈
동물도 지문이 있을까요?

예, 많은 동물들이 자신들만의 지문을 가지고 있어요. 범고래의 등지느러미와 안장 부분의 모양은 각 개체마다 달라요. 사자들은 같은 무늬의 수염을 가지고 있지 않아요. 호랑이나 얼룩말의 줄무늬도 각자 달라요. 코알라의 지문은 인간의 지문과 가까워서 범죄 현장에서 헷갈릴 수 있어요.

52

동물의 눈이 우리 눈보다 더 잘 보일까?

분야: 동물학

난이도: 쉬움

동물들은 어떻게 세상을 볼까요?
여기 알아볼 기회가 있어요. 정말로
눈이 번쩍 뜨일 정도의 경험을 할 거예요.

저것 좀 봐!
이렇게 하면….
쥐처럼 볼 수 있어!

준비물

(a)반짝이는 카드(혹은 종이에 포일 조각을 붙여요.)
(b)판지로 만든 달걀 상자, 가위, 꼬챙이

실험 방법 (a)

1 반짝이는 카드 종이를 길이 30cm, 폭 9cm로 잘라요.

2 중간 부분에 코에 딱 맞을 정도로 둥글게 잘라서 홈을 만들어요.

3 카드를 얼굴에 붙여요. 코가 둥근 홈에 맞아야 하고, 카드가 이마에 닿아야 해요.

4 카드의 양쪽이 머리에서 멀어지게 살짝 구부려요.

5 눈에 보이는 것이 확실히 초점이 맞도록 카드의 끝을 구부려요.

6 무엇이 달라 보이나요?

무슨 일이 생길까?

머리의 양쪽 면에서 동시에 볼 수 있어요.

실험 방법 (b)

1 달걀 상자에서 달걀을 놓는 받침대 두 개를 잘라 내요.

약간 옆면 쪽에 구멍을 내야 해.

2 꼬챙이로 각각의 받침대 바닥에 약 0.5cm 크기로 구멍을 내요. 구멍은 중앙에서 약간 옆에 있게 해야 해요.

헤이! 놀라운데!

어떤 곤충이 된 것 같아!

3 구멍이 반대 방향을 향하도록 달걀 받침대를 각각의 눈에 갖다 대요.

무슨 일이 생길까?
두 개의 다른 방향으로 볼 수 있어요.

왜 그럴까?
- 동물의 눈의 위치는 필요에 맞게 오랜 시간 동안 변했어요.
- 우리 눈은 앞쪽에 있지요. 그래서 두 눈으로 보는 시력과 깊이 감각을 갖게 되지요. 이것은 한때 나무 사이를 그네처럼 휘저으며 다니던 동물에게 필수적이에요.
- 말과 토끼 같은 동물들은 눈의 위치가 높고 머리의 옆쪽에 있어요. 말과 토끼는 머리 너머로 멀리 볼 수 있을 뿐만 아니라 거의 360°로 볼 수 있어요. 얼굴 바로 앞에 작은 맹점을 가지고 있지만, 앞쪽으로 향해 있는 콧구멍과 큰 귀가 보완해 줘요.
- 카멜레온은 동시에 다른 방향으로 볼 수 있어요. 한쪽 눈으로는 위험을 감시하고 다른 한쪽 눈으로는 먹이를 찾아요.

재미있는 사실

텔레비전 화면은 매초 24장의 그림을 보여 줘요. 파리는 매초마다 200개의 이미지를 보기 때문에 텔레비전을 시청하는 파리에게는 사이사이에 캄캄한 스틸 사진이 있는 것처럼 보여요. 파리처럼 보려면 눈꺼풀을 매우 빠르게 깜박여 봐요.

음... 이 프로그램은 참 신물이 나는군.... 밤새 악몽에 시달리겠어!

심심풀이 퀴즈
독수리는 얼마나 멀리 볼 수 있을까요?

독수리는 1.6km 떨어진 곳에서 토끼를 볼 수 있어요.

⑤③ "부르르르" 바람 불기

분야: 생물학
난이도: 쉬움

> 오… 실례합니다!!

예의 없는 소리를 내고
그 탓을 과학에 돌리고 싶나요?
지금이 기회예요.

준비물
발광 다이오드(light-emitting diode)를 사용하는 디지털 시계
또는 시계 라디오(빨간색 숫자가 오는 시계나 라디오),
또는 같은 유형의 조명을 가진 회로 테스터기,
네온 전등(대부분의 야간등 안에는 네온등이 있음)

생쥐 박사의 힌트
어른이 앉을 때 하면 재미있는 실험이에요.

실험 방법

1 빛이 나오는 곳에서 90-300cm 떨어진 곳에 서요.

2 빛을 보고 "부르르르!"로 바람을 불어요.
"부르르르"는 무례한 소음이에요. 입술을
떨면서 입술을 통해 바람을 불면서 그
소리를 내요. 빛이 어떻게 앞뒤로
흔들리며 깜박이는지 봐요.

> 오… 실례 좀 할게!

3 머리를 빠르게 흔들어요. 빛이 여전히 깜박거리는지 봐요. 빛을 깜빡이게 하는 다른 몸동작들이 있나요?

무슨 일이 생길까?
빛은 실제로 전혀 움직이지 않아요.

왜 그럴까?
- 실제로 움직인 건 여러분이에요.
- 몸 전체가 떨고 있어요. 심지어 눈까지요. 바람을 불면서 손을 머리에 대면 이런 진동을 느낄 수 있어요.
- 발광 다이오드는 초당 60번 꺼졌다 켜져요. (네온 발광 관은 초당 120회 켜졌다 꺼졌다 해요.)
- 이 섬광은 너무 빨라서 눈은 보통 '깜빡임'을 구분하지 못해요.
- 몸이 떨고 있으면 전구가 번쩍일 때마다 눈은 다른 위치에 있어요.

👉 재미있는 사실
진동은 모든 곳에 있어요. 바로 지금 우리가 머물고 있는 건물도 약간 떨고 있어요. 지구의 떨림, 교통, 바람 그리고 사람들의 움직임이 이런 일이 생기게 해요. 우리는 항상 진동과 부딪쳐요. 만약 우리가 듣고 볼 수 있다면, 우리는 진동을 사용하고 있는 거예요.

아아아악… 지진이다!

심심풀이 퀴즈

빛의 진동과 소리의 진동 중에서 어떤 것이 더 유용할까요?

빛의 파장과 소리의 파장 모두 다른 상황에서 유용해요. 빛은 소리보다 신호를 훨씬 빠르게 전달해요. 거의 백만 배는 더 빠르죠! 그러나 소리는 어둠 속에서 유용해요. 소리는 모퉁이를 돌 수 있고 보이지 않는 어떤 것에 대한 정보도 줄 수 있어요. 빛은 진공 속을 통과할 수 있고, 소리는 빛을 차단하는 물질을 통과할 수 있어요. 소리는 실제로 공기를 통과하는 것보다 물과 같이 응축된 물질을 더 빨리 통과해요.

나는 바다코끼리예요

분야: 해부학
난이도: 쉬움

물이 어때?

아주 좋아!
얼기 바로
직전이야!

바다코끼리는 피부 아래에 지방층이 있어요.
바다표범과 고래도 지방을 가지고 있어요.
이것으로 기온이 영하로 떨어져도 몸을 따뜻하게 하기에 충분할까요?
실험을 해 봅시다.

준비물

컵 두 개, 차가운 물, 각 얼음, 하얀 지방/
돼지 비계/쇼트닝(빵을 만들기 위해 사용하는 하얀 물질), 키친타월

실험 방법

1 컵 두 개를 차가운 물과 얼음으로 채워요.

2 손가락 하나를 각각의 컵에 담가요. 손이 너무
차가워지기 전에 얼마나 오랫동안 손가락을 컵에 둘
수 있나요? 이제 바다코끼리가 얼음처럼 찬물에 뛰어들 때
어떨지 생각해 봐요.

3 지방 조각으로 작은 공 모양을 만들어요. 지방 덩어리를 손가락 하나에 꽂아요. 지방이 손가락 전체를 다 덮도록 해야 해요.

4 지방으로 덮은 손가락을 얼음물이 담긴 컵 중 하나에 담가요.

5 다른 손가락 하나를 두 번째 컵에 넣어요. 어느 손가락을 차가운 물에서 꺼내고 싶나요?

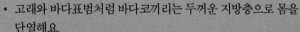

무슨 일이 생길까?

지방이 피부를 보호해 줘요.
추위를 느끼지 않게 해요.

추위를 더 이상 견딜 수 없어!

왜 그럴까?

- 고래와 바다표범처럼 바다코끼리는 두꺼운 지방층으로 몸을 단열해요.
- 바다코끼리는 체온을 조절하기 위해 혈액의 흐름을 바꿀 수 있어요.
- 바다코끼리는 몸이 너무 더워지면 피가 지방층과 피부로 몰려요. 공기나 물이 피의 온도를 낮춰요.
- 바다코끼리는 추울 때에는 피부나 지방층으로 흘러가는 피를 줄여서 체온을 지켜요.

재미있는 사실

21℃보다 낮은 차가운 물은 우리 체온을 떨어뜨릴 수 있어요. 수영할 때 체온이 너무 낮아지면, 정신을 잃고 가라앉을 수도 있어요. 우리 몸은 차가운 물속에 있을 때 공기 중에 있을 때보다 25배나 빠르게 식어요. 장거리 수영 선수들은 몸에 지방을 발라요. 잠수복은 지방층처럼 열을 지키는 기능을 해요.

심심풀이 퀴즈

해양 동물의 지방을 먹는 것이 몸을 따뜻하게 유지시켜 줄까요?

북극 지방에 사는 사람들은 두꺼운 지방층과 지방이 많은 음식을 먹어요. 지방층은 해양 포유 동물에서 얻어요. 해양 동물의 지방을 먹으면 지방층을 형성하고 유지하는 데에 도움이 돼요.

지방이 많은 너의 모습은 사랑스럽구나!

55 뱀이다!

분야: 해부학
난이도: 쉬움

뱀은 1초에 2.4m를 공격할 수 있어요.
여러분의 반사 신경은 뱀의 공격을
피할 수 있을 정도로 좋은가요?

아아아악!
고무 뱀이야!

준비물
초침이 있는 시계, 줄자, 친구

생쥐 박사의 힌트
진짜 뱀으로 이 실험을 하면 안 돼요.
뱀이 화가 나서 심술을 부릴 수도 있어요.

실험 방법

스스스스!

1 친구를 깜짝 놀라게 해 볼까요? 여러분이 무엇을 하려고
하는지 친구가 알지 못하게 해요. 손을 뱀의 머리처럼
만들어요. 손가락을 모으고, 엄지손가락을 처음 두 손가락 아래쪽에
대고 눌러요.

2 손을 할 수 있는 만큼 어깨 쪽으로 당겨요.

114

이봐…
누구를 따라 하는 거지?
클레오파트라야?

3 친구에게 다가가서 팔 길이 거리만큼 떨어져서 서 봐요.

4 친구의 주의를 끌어요. 친구와 마주해야 해요.

아아아아악!
독사뱀이다!

5 팔이 쭉 뻗어질 때까지 손을 앞으로 잽싸게 내밀어요. 친구의 반응이 어때요?

왜 그럴까?

- 뇌와 신경계의 나머지가 움직임을 통제해요.
- 우리의 움직임의 대부분은 통제 안에 있어요. 하지만, 그렇지 않은 것도 있어요. 그게 바로 반사 활동이에요.
- 반사 작용은 자동적인 반응이고, 몸을 보호해요. 반사 작용은 무슨 일이 발생했는지 생각할 필요 없어요.
- 반사 작용은 우리를 해칠 수 있는 물체로부터 벗어나게 하기 위한 거예요.

무슨 일이 생길까?

친구가 경련을 일으키거나 물러서거나 손을 올리거나 눈을 깜빡이기도 해요.

재미있는 사실

평균적인 사람들은 1분에 12번 정도 눈을 깜박여요. 하루에 16시간 동안 깨어 있다면, 하루에 11,520번 정도 눈을 깜빡이는 거지요.

아주 멋진 사진이야….
모두 눈을 감고 있네!

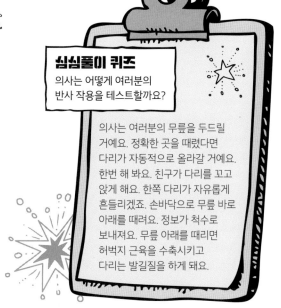

심심풀이 퀴즈

의사는 어떻게 여러분의 반사 작용을 테스트할까요?

의사는 여러분의 무릎을 두드릴 거예요. 정확한 곳을 때렸다면 다리가 자동적으로 올라갈 거예요. 한번 해 봐요. 친구가 다리를 꼬고 앉게 해요. 한쪽 다리가 자유롭게 흔들리겠죠. 손바닥으로 무릎 바로 아래를 때려요. 정보가 척수로 보내져요. 무릎 아래를 때리면 허벅지 근육을 수축시키고 다리는 발길질을 하게 돼요.

두뇌의 패턴

분야: 해부학

난이도: 쉬움

이제 동시에 탭댄스를 출 수 있다면…

여러분은 집중을 잘 하나요?
이 실험을 해 봐요.

준비물
여러분 자신

실험 방법

1 한 손으로 머리 윗부분을 두드려요.

2 동시에 다른 한 손으로
배를 두드려요.

툭 툭 툭

툭 툭 툭

③ 머리는 계속 두드리면서 다른 한 손은 배를 둥글게 쓰다듬어요.

④ 이제 바꿔서 해 봐요. 배를 두드리면서 머리를 쓰다듬어요.

툭 툭 툭

툭 툭 툭

무슨 일이 생길까?

양손이 같은 동작을 하는 것은 쉬워요. 하지만, 다른 동작을 동시에 하는 것은 어려워요.

왜 그럴까?

- 같은 동작을 반복하면, 같은 모양으로 손을 움직이는 것에 익숙해져요. 뇌는 이렇게 하도록 프로그램 되어 있어요.
- 앞뒤로 움직이거나 둥근 모양으로 움직이는 것은 쉬워요. 하지만, 오직 한 번에 하나를 할 때뿐이에요. 두 가지의 동작 유형이 뇌에 프로그램 되어요.
- 두 가지 동작을 동시에 하는 것은 훨씬 더 많은 집중력이 필요해요.

재미있는 사실

뇌 안에는 특별한 시계가 있어요. 언제 잠을 자고 언제 일어나야 하는지 알려 주죠. 이 시계가 없다면 하루 종일 깨어 있거나 자고 있을 거예요. 이 시계는 실제로 뉴런의 묶음이에요. 뉴런은 신경 자극을 뇌에 보내요. 이런 신경 자극이 우리에게 잠자리에 들 시간이고 여덟 시간 후에 일어나야 한다는 것을 알려 줘요.

째깍 째깍
째깍 째깍
째깍 째깍 째깍
째깍
째깍

누군가의 뇌가 째깍거리는 것 같은데!

심심풀이 퀴즈

뇌가 크면 뇌가 작은 사람보다 더 똑똑할까요?

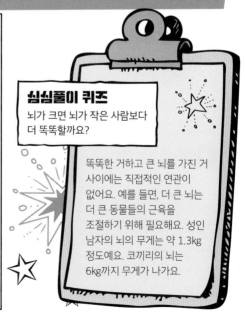

똑똑한 거하고 큰 뇌를 가진 거 사이에는 직접적인 연관이 없어요. 예를 들면, 더 큰 뇌는 더 큰 동물들의 근육을 조절하기 위해 필요해요. 성인 남자의 뇌의 무게는 약 1.3kg 정도예요. 코끼리의 뇌는 6kg까지 무게가 나가요.

57 내 피부는 소중해!

분야: 해부학

난이도: 쉬움

> 실험실 의자에 하루 종일 기대어 있으니까 팔꿈치가 건조해지네. 과학적인 사포를 써 봐야지!

피부는 신체 기관들을 보호해요.
그런데 피부가 벗겨지는데도 내부 장기는 왜 떨어지지 않을까요?

준비물
비누, 거친 사포, 어두운 색의 종이

실험 방법

1 비누를 종이 위로 가져가요.

2 사포로 비누를 부드럽게 문질러요.

무슨 일이 생길까?

비누의 표면이 사포의 거친 표면에 의해서 떨어져 나가요. 피부의 바깥 부분도 이런 식으로 거친 물체에 의해 떨어져 나가요.

왜 그럴까?

- 피부에는 표피(외피, 얇은 피부층)와 진피(내피, 두꺼운 피부층) 두 개의 주요 층이 있어요.
- 손톱과 발톱은 표피에서 자라 나와요.
- 모낭, 신경 말단 그리고 분비선은 진피에 뿌리를 두고 있어요.
- 표피층은 끊임없이 문지르고, 긁고, 잘리면서 떨어져 나가요.
- 피부는 죽은 세포로 이루어져 있고, 이것들은 만지면 떨어져요. 하지만 우리의 몸은 비누처럼 닳지 않아요. 표피 세포의 층은 끊임없이 대체되거든요.

재미있는 사실

뱀은 한 달에서 3개월마다 피부를 벗겨 내요. 오래된 피부를 문질러서 느슨해지면 피부를 벗겨 내는 것은 몇 분밖에 걸리지 않아요.

이 오래된 피부를 보니, 근처에 새끼 아나콘다가 살고 있는 것 같군….

심심풀이 퀴즈

신체에서 어느 장기가 가장 클까요?

피부가 몸에서 가장 큰 장기예요. 우리 몸에는 1cm²당 300만 개의 피부 세포가 있어요. 피부의 무게는 약 3kg 정도예요.

58 내 맥박이 진짜일까?

분야: 해부학

난이도: 쉬움

쥐는 맥박을 어디서 재지?

반드시 하나는 있어야 하는데! 아마 여기일 거야….

심장은 하루에 10만 번 뛰고
1년에 3500만 번 뛰어요.
사는 동안 심장은
25억 번 이상 뛸 거예요.
심장이 아직도 뛰고 있는지
확인해 볼까요?

준비물
여러분 자신, 초침이 달린 시계

실험 방법

1 손가락 두 개를 엄지손가락 아래 손목에 있는 홈에 갖다 대요.
검지와 중지가 가장 좋아요.

2 손가락을 앞뒤로 살짝 움직여요. 무엇을 느낄 수 있나요?

3 같은 손가락 두 개를 목(기관) 바깥쪽 면을 따라서 훑어요.
이번에는 무엇이 느껴지나요? 두 경우 모두 진동이 느껴질
거예요. 왜 그런지 아세요?

바로 여기!

무슨 일이 생길까?

여러분이 느끼는 진동은 맥박이에요. 맥박은 피가 동맥을 따라서 이동하면서 뛰어요. 첫 번째 맥박은 요골동맥(radial artery)의 맥박이에요. 피를 손으로 보내요. 두 번째는 경동맥(carotid artery)의 맥박이에요. 피를 뇌, 머리, 목으로 보내지요. 진동을 세어 봐요. 15초 동안 몇 번 뛰나요? 직접 시간을 재어 보거나, 다른 사람이 여러분을 위해 15초를 세게 해 봐요. 전체 횟수에 4를 곱하면 분당 심장 박동수를 알 수 있어요. 가만히 쉴 때의 여러분의 맥박은 분당 90-120 번 뛸 거예요. 성인은 분당 약 72회 뛰어요. 벌새는 평균 심장 박동수가 분당 1,260회라고 하네요.

왜 그럴까?

- 맥박은 심장이 뛰는 것을 나타내요.
- 심장이 수축하면서 피가 혈관을 타고 나가요.
- 피는 심장 박동에 따라서 박자에 맞춰 이동해요.
- 그래서 손목, 목, 그리고 몸의 다른 지점에서 혈관이 진동하는 거예요.
- 모든 혈관은 진동하는 움직임을 가지고 있어요.
- 손목의 혈관은 피부 표면과 가까워서 더 쉽게 느낄 수 있어요.

재미있는 사실

심장이 뛰는 것을 볼 수 있어요. 불빛을 어둡게 해요. 발을 벽 쪽으로 향한 채로 등을 대고 누워요. 손전등을 켜요. 손전등을 가슴 위에 올려놓아요. 손전등의 끝부분을 가슴의 왼쪽 윗부분에 놓고 빛을 발 쪽에 있는 벽에 비추어요. 심장이 뛰면서 광선이 위아래로 움직이는 게 보여요.

심장 박동을 조금 더 빠르게 하고 싶나요? 일어서서 1분 동안 제자리에서 뛰어요. 다시 누워서 손전등을 있던 자리에 놓아요. 차이가 보이나요?

운동을 하면 근육에 더 많은 산소가 필요해요. 심장이 허파를 통해서 더 많은 피를 펌프질해서 근육에 공급해야 해요. 심장은 더 많은 피를 뿜어내기 위해 더 빠르고 더 강하게 뛰어요. 계속 보고 있으면, 몸이 산소 공급을 받으면서 심장 박동이 다시 느려지는 게 보여요.

그렇게 심하게 뛰는 소리는 뭐야?

내 구식 심장이야! 방금 마라톤을 뛰었거든!

쿵쾅 쿵쾅 쿵쾅

심심풀이 퀴즈

우리 몸은 얼마나 많은 피를 가지고 있을까요?

우리 몸은 약 5.6L의 피를 가지고 있어요. 피는 우리 몸을 1분에 3회씩 돌아요. 하루에 총 19,000km를 이동해요. 이 거리는 미국을 대서양 연안에서 태평양 연안까지 횡단하는 거리의 4배예요.

축축해

59 물로 만들어진 벽

분야: 지구과학

난이도: 쉬움

가끔은 연구실에서 밖으로 나와서 실험하면서 일하는 것도 아주 좋아….

그렇게 생각은 하는데!

쓰나미는 '항구의 파도'를
뜻하는 일본어 단어예요.
바다 밑의 지진에 의해 만들어져
연속으로 밀려드는 파도예요.
이 파도들은 아마도 바다 전체를
가로질러 이동할 만큼 충분한 에너지가 있을지도 몰라요.
쓰나미는 얕은 물에 가까워질 때 더 높아져요. 그럼 물의 벽을 만들어 볼까요?

준비물	생쥐 박사의 힌트
넓고 깊은 냄비(제빵용 팬), 물, 나무 블록들	부모님이 엄청 화내시는 걸 보고 싶나요? 아니죠? 그럼 이 실험은 따뜻한 날 밖에서 해요.

실험 방법

1 냄비를 물로 채워요.

2 나무 블록 두 개를 냄비 바닥에 놓아요. 물 아래에 완전히 잠겨야 해요.

122

❸ 나무 블록들을 잡고 빠르게 한데 모아요.

❹ 이 동작을 반복해요.

무슨 일이 생길까?

물밑으로 빠르게 모여드는 블록들의 움직임은 물이 수면 위로 부풀어 오르게 해요.
이런 움직임이 냄비의 측면 위로 튀는 파도를 만들어요.

왜 그럴까?

- 블록과 물의 작용은 쓰나미를 만드는 바다의 조건과 같아요.
- 해저 바닥에서 지진과 화산 분출이 바닷물에 영향을 줘요. 그것들이 많은 양의 물을 짜서 표면으로 밀어내요.
- 바다 표면에서는 거대한 물의 벽이 만들어져요.

재미있는 사실

쓰나미가 바다를 통해 이동하는 것을 보는 것은 어려워요. 쓰나미의 높이가 겨우 30cm 정도이기 때문이지요. 파도가 해안가에 가까이 오면 변해요. 파도의 높이가 15-30m까지 될 수도 있어요. 기록된 가장 거대한 쓰나미는 해수면 위로 64m였어요. 18층 높이의 건물 정도 되는 거예요. 1737년 시베리아의 캄차카 반도에서의 쓰나미예요.

쓰나미가 얼마나 높은지 추측하는 것은 의미가 없어…. 어서 가서 자막대기를 가져와서 측정해야 해!

세계에서 가장 거대한 쓰나미의 높이를 쟀던 용감한 남자

심심풀이 퀴즈

쓰나미는 얼마나 빠르게 이동할 수 있을까요?

804km/h의 속도로 이동할 수 있어요.

60 병 안에서의 파도

분야: 지구과학

난이도: 쉬움

이건 뭐지…? 해일의 움직임을 담은 새로운 탄산음료구나!

첨벙 첨벙 첨벙 첨벙

조그만 바다를 통제하고 싶어요?
이번 실험으로 파도가 어떻게 만들어지고 어떻게 더 커지는지 볼 수 있어요.
조용한 하루를 보낼 수도 있고, 바다에서 폭풍우가 몰아치게 할 수도 있어요.

준비물
빈 음료수 병과 뚜껑(또는 병에 맞는 코르크 마개),
채소 기름, 물, 식품 착색제

생쥐 박사의 힌트
투명한 병을 사용해야 해요.
안 그러면 아무것도 볼 수 없어요.

실험 방법

1 병을 잘 씻어 내요.

2 뜨거운 물에 병을 푹 담근 후에 병에서 라벨을 떼어 내요.

3 병에 물을 3/4컵 정도 채워요.

4 식품 착색제를 몇 방울 떨어뜨려요. 색깔이 마음에 들면
멈춰요.

5 기름 1/4컵을 병 안에 부어요.

6 병 마개를 닫아요.

7 병을 한쪽으로 돌려요. 잔잔해질 때까지 몇 분 동안 기다려요. 물에 무슨 일이 생기나요?

무슨 일이 생길까?

물이 바닥으로 가라앉아요. 색깔이 있는 물과 기름 사이에 분명한 경계선이 있어요. 이제, 병을 앞뒤로 기울여서 파도를 만들어요. 어떤 종류의 파도를 만들 수 있는지 볼 수 있게 실험해 봐요. 한쪽 끝에서 반대편까지 파도가 어떻게 커지는지 봐요.

왜 그럴까?

- 병 안의 파도는 바다의 파도와 같아요.
- 물이 위아래로 출렁여요. 파도가 물살을 가르지만 물이 앞으로 나아가지 않아요.
- 물과 바람 사이의 마찰이 파도를 만들어요.
- 일반적으로 바다 파도는 바람으로부터 에너지를 얻어요. 더 높은 파도는 더 많은 에너지가 필요해요.
- 바람이 만들어 내는 파도는 바람이 멈춘 후에도 계속 이동해요.
- 마찰이 파도를 사라지게 하기 전까지 긴 파도는 짧은 것보다 더 빠르게 이동하고 더 멀리 가요.

재미있는 사실

밧줄이 파도처럼 움직일 수 있을까요? 예, 가능해요! 친구에게 밧줄의 한쪽 끝을 잡게 하거나, 밧줄을 나무에 묶어요. 여러분이 밧줄을 흔들면, 파도가 밧줄을 따라서 이동해요. 하지만, 밧줄이 앞으로 이동하지는 않아요.

심심풀이 퀴즈

무엇이 파도에서 거품이 나게 할까요?

바다가 거품을 내기 위해서는 두 가지 재료가 필요해요. 거품 목욕처럼 물의 표면 장력을 더 크게 만들 무엇인가가 필요하고, 욕조 안으로 흐르는 물처럼 거품을 낼 무언가가 있어야 해요. 바다에서 '거품 목욕'은 대개는 유기 물질로 용해돼요. 강한 표면 바람이나 해변에서 부서지는 파도가 공기로 물을 휘저어 거품을 만들어요.

아아아악! 도망쳐! 밧줄 파도가 밀려온다!

방울방울

분야: 물리학

난이도: 쉬움

커피 컵을
씻다 보니 실험을
하게 됐네!

비눗방울은 과학 탐구를
하기에 아주 좋아요.
어떻게 하는지 볼까요?

준비물

플라스틱 컵, 비눗방울 불기 막대,
버블 믹스(거품용 비눗물,
기성품 혹은 손수 만듦),
플라스틱 빨대,
옷걸이로 만든
철사 고리,
파이프 클리너

생쥐 박사의 힌트

버블 믹스는 식기세척제로 쉽게 만들 수 있어요. 부모님이 도와주세요.
식기세척제를 따뜻한 물에 조심스럽게 섞어요.
세척제 한 스푼(티스푼)(15ml)을 물 반 컵(125ml)에 타요.
물보다 세제가 많이 들어가면 더 큰 비눗방울을 만들어요.
버블 믹스를 만들고 1~2일 정도 후에 사용하면 비눗방울이 더 오래 가요.
기성품을 사용하는 경우에는 사용하기 전에 냉장고에 몇 분 동안 보관해요.

실험 방법

1 플라스틱 컵을 거꾸로
뒤집어요.

2 컵의 바닥을 적셔요. 뒤집어
놓은 상태에서는
윗부분이네요.

3 철사 고리를 사용해서
큰 비눗방울을 젖은
플라스틱 컵에 붙여요.

4 플라스틱 빨대를 버블 믹스에 적셔요.

5 젖은 빨대를 비눗방울 안으로 부드럽게 밀어 넣어요.

6 큰 비눗방울 안에서 작은 비눗방울을 불어요.

7 빨대를 작은 방울 안으로 조심스럽게 밀어 넣고 더 작은 방울을 불어요.

무슨 일이 생길까?

비눗방울 안에 방울이 만들어졌어요.

왜 그럴까?

- 비눗방울은 액체 공 안에 갇혀 있는 공기 혹은 기체의 조각이에요.
- 방울의 표면은 아주 얇아요.
- 건조한 물건이 방울을 건드리면 잘 터져요. 비눗물 막이 사물에 달라붙어서 비눗방울에 부담을 주기 때문이에요.
- 젖은 물건은 비눗방울을 터뜨리지 않으면서 방울 안으로 들어갈 수 있어요.
- 비눗물 막과 만나는 젖은 표면이 비눗물 막의 일부가 돼요.
- 비눗방울이 더 오랫동안 지속되기를 원하면 전체를 다 젖게 해요. 빨대의 옆면까지도요. 비눗방울의 젖은 벽을 작은 방울로 건드리지 말아요. 그렇게 되면 비눗방울을 분리할 수 없어요.

재미있는 사실

세계에서 가장 큰 풍선껌 방울은 1994년 뉴욕시에서 만들어졌어요. 방울의 너비는 58.4cm나 되었어요.

세계에서
가장 큰 풍선껌
방울 기록이 깨지고
15초 후

심심풀이 퀴즈

벌집과 비눗방울의 공통점은 무엇인가?

투명한 플라스틱 판 두 개를 준비해요. 손가락으로 플라스틱 판을 떨어뜨린 후에 비눗물 안에 담가요. 플라스틱 판 사이에 비눗방울에 바람을 불어요. 거품 벽이 많이 생길 거예요. 만약 거품의 크기들이 같다면, 그것들이 육각형을 만들고 벌집의 세포처럼 보일 거예요. 벌들은 가능한 한 최소량의 밀랍을 사용하여 벌집을 만들고 싶어 해요.

62 건조한 물

물이 젖고 건조할 수 있을까요?

준비물
얼음 트레이, 오렌지, 냉동고, 유리컵

이 건조한 물이 실험에 괜찮을 수도 있지만, 샤워할 때는 아주 좋지는 않군.

실험 방법

1 신선한 오렌지를 짜서 주스를 만들어요. 꽉 짜요.

2 주스를 얼음 트레이에 조심스럽게 부어요.

3 얼음 트레이를 냉동실에 넣어요. 몇 시간 후에 얼음 트레이를 냉동실에서 꺼내요.

무슨 일이 생길까?

우리는 건조한 물을 만들었어요.

왜 그럴까?

- 물은 젖어 있거나 건조할 수 있어요.
- 액체 물은 젖어 있지만, 물이 항상 액체인 거는 아니에요.
- 오렌지 안에는 물이 있어요. 주스는 얼어서 얼음이 된 물이에요. 물은 0℃에서 얼어요.

재미있는 사실

아이스크림은 기원전 200년경 중국에서 처음 나왔어요. 우유와 쌀을 혼합해서 만들어졌어요. 그 혼합물은 눈 속에 포장되어 더 단단해졌어요.

만리장성 바닐라 콘을 곁들인 당나라 레모네이드를 먹겠어…. 오… 그리고 생강을 좀 뿌려 봐…. 고마워!

심심풀이 퀴즈

드라이아이스가 뭐지요?

드라이아이스는 얼어 있는 이산화탄소예요. 우리는 숨을 쉴 때 이산화탄소를 내뿜어요. 드라이아이스는 일반적인 얼음보다 밀도가 더 높고 더 차가워요. 드라이아이스는 -79.5℃예요. 일반적인 얼음은 0℃예요. 드라이아이스는 녹지 않아요. 고체에서 바로 기체로 변해요. 액체 형태를 건너뛰는 거예요. 그래서 '드라이아이스'라는 이름이 붙었어요.

63 물에 떠 있는 클립

분야: 물리학

난이도: 쉬움

떠다니는 클립이군….
가지고 다니기 쉽겠어!

물에 뜨는 클립

클립이 물에 떠다닌다고요? 불가능하다고 생각할 거예요. 한번 볼까요?

준비물
그릇, 물, 클립, 화장지,
지우개 달린 연필

생쥐 박사의 힌트
클립을 작은 배에 실어서
클립을 물에 뜨게 하는 것은 반칙이에요.

실험 방법

1 그릇에 물을 채워요.

2 깨끗한 클립을 물 위에 올려요. 물에 뜰 수 있게 해 봐요.

3 화장지를 지폐 반 장 정도로 찢어요.

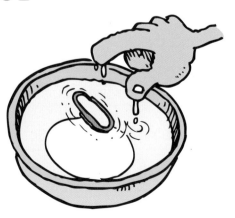

4 화장지를 펴서 물의 표면에 살짝 올려놓아요.

6 연필의 지우개 부분을 사용하여 화장지가 가라앉을 때까지 화장지를 조심스럽게 밀어요. 클립을 미는 게 아니에요. 클립에 무슨 일이 생길까요?

5 마른 클립을 화장지 위에 조심스럽게 올려요. 물이나 종이를 건드리지 않도록 해요.

무슨 일이 생길까?

클립이 계속 떠 있어요!

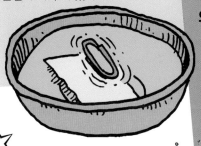

왜 그럴까?

- 표면 장력 때문에 클립이 물에 계속 떠 있어요. 이건 마치 수면의 피부층과 같아요.
- 물 분자들이 서로 단단히 붙들고 있어요. 조건이 맞으면, 물 분자들이 클립을 지지할 만큼 단단히 붙을 수 있어요.
- 만약 물의 표면을 더 강하게 만들고 싶다면, 그 위에 베이비 파우더를 뿌려 봐요.

재미있는 사실

식용유 몇 방울을 손 위에 비벼요. 수돗물을 손 위에 흐르게 해요. 수도꼭지를 잠가요. 무슨 일이 생기나요? 이제 비누로 손을 씻어요. 기름이 사라지나요? 물 분자들은 서로 단단히 붙어 있어요. 손 위에서 기름과 섞이지 않아요. 비누 분자들은 물과 기름에 모두 달라붙어요. 물 분자의 한쪽 끝은 기름에 붙어 있고, 다른 한쪽은 물에 붙어 있어요. 비누는 표면 장력을 깨뜨려요. 기름이 손에서 씻겨 나갈 수 있도록 비누는 기름 방울이 물과 섞이게 해요.

> 엄마는 내가 손 세정제를 다 써 버려도 아무 말씀 안 하실 거야. 이 모든 게 다 과학을 위한 거야.

심심풀이 퀴즈

물의 표면 장력은 얼마나 강할까요?

표면 장력은 소금쟁이와 다른 곤충들이 물에 가라앉지 않고 물 위를 걸을 수 있게 붙들어 둘 정도로 강해요. 곤충의 발은 표면 장력을 줄어들게 만들지만, 표면 장력은 깨지지 않아요.

64

움직이는 물

분야: 물리학

난이도: 어려움 + 부모님 도와주세요

이 물이 움직일 거야···. 어떻게 해야 할지는 아직 모르겠어. 그런 게 바로 실험이지.

뜨거운 물과 차가운 물이 섞이나요?

준비물

같은 크기의 투명한 유리병(이유식 병이 좋아요.), 식품 착색제(빨간색과 파란색이 보기 좋아요.),
유리병 입구를 덮을 카드, 물, 싱크대(개수대), 친구

실험 방법

1 차가운 물과 파란색 착색제 몇 방울을 1번 유리병에 부어요. 항아리 테두리에 물이 불룩하게 부풀어 오를 때까지 천천히 물을 더 넣어요.

2 물을 조금 끓여요. 2번 유리병을 끓인 물로 채워요. 부모님(선생님)이 도와주세요.

3 빨간색 착색체를 2번 유리병에 몇 방울 떨어뜨려요.

4 카드를 1번 유리병 위에 조심스럽게 올려놓아요.

5 여러분은 이것을 싱크대 위에서 하고 싶을 수도 있어요. 1번 유리병을 들고 거꾸로 뒤집어요. 뒤집은 병을 2번 병 위에 올려요. 여러분은 카드가 평평하고 병을 밀봉하고 싶을 거예요. 손을 카드에 댈 필요는 없어요. 물은 그 자리에 잘 있을 거니까요. 그냥 유리병을 뒤집어요. 1초도 멈추어서는 안 돼요. 유리병이 기울어져도 완전히 뒤집히지 않으면 물이 콸콸 쏟아질 거예요.

5 유리병의 목을 서로 가깝게 유지해요. 친구에게 유리병 두 개를 모두 잘 잡고 있으라고 하고, 여러분은 카드를 천천히 조심스럽게 빼내요. 무슨 일이 생기나요? 위쪽에 놓인 차가운 물 유리병은 무슨 색깔인가요? 아래쪽에 있는 뜨거운 물 병은 무슨 색인가요?

7 유리병을 비우고 씻어요. 1단계에서 6단계까지 반복해요. 하지만, 차가운 물이 담긴 유리병을 싱크대 안에 놓고 카드를 빨간색의 뜨거운 물을 담은 유리병 위에 놓아요. 뜨거운 물을 담은 유리병을 뒤집은 후 차가운 물을 담은 유리병 위에 놓아요. 무슨 일이 생기나요? 위에 있는 유리병의 물이 무슨 색인가요? 아래쪽에 있는 유리병의 물은 무슨 색인가요?

뜨거운 물 (빨강)이 파란 컵 안으로 올라감

무슨 일이 생길까?
빨간색의 뜨거운 물이 차가운 물을 담은 유리병 안으로 들어가요.

왜 그럴까?
- 차가운 물은 뜨거운 물보다 무거워요.
- 차가운 물은 뜨거운 물을 밀어내며 아래쪽 유리병으로 내려가요.
- 물에 열을 가하면, 물 분자들은 점점 더 빨리 움직이기 시작해요.
- 분자들 사이에 더 많은 공간이 있기 때문에 일정 부피의 뜨거운 물에는 분자의 수가 더 적게 있어요. 같은 부피의 차가운 물보다 약간 더 가벼워요. 그래서 뜨거운 물은 차가운 물보다 밀도가 낮아요.
- 뜨거운 물을 아래쪽에 둔 채로 두 개의 유리병을 붙여 놓으면 뜨거운 물이 위쪽으로 올라가요.
- 그러면서 차가운 물과 섞여서 보라색 물이 만들어져요.
- 차가운 물이 아래쪽에 있으면, 물은 섞이지 않아요. 뜨거운 물은 이미 위쪽에 있기 때문에 위로 올라갈 필요가 없어요.

재미있는 사실

여러분은 물 한 컵에 100달러를 쓸 수 있겠어요? 1848년 미국에서 금광을 찾아 서부 캘리포니아로 향하던 사람들은 그랬대요. 뜨겁고 건조한 네바다의 사막에 대한 대비를 못 했어요. 캘리포니아에 있는 몇몇 사람들이 이것을 알고 물통을 가지고 동쪽으로 갔다고 합니다. 아주 목말랐던 사람들은 귀중한 물 한 컵에 100 달러까지 지불했어요.

바위 위에 뱉은 침이라고 하는 음료수가 인기가 좋아!

안타깝게도, 신용카드를 집에 두고 왔어!

먼지 가득한 계곡 여관

바위 위에 뱉은 침 - $15

물 1컵 - $100

물 1통 - 신용카드만 가능

심심풀이 퀴즈
오스트레일리아의 어느 동물이 물을 마시지 않을까요?

코알라! '코알라'라는 이름은 '물을 마시지 않음'이라는 뜻의 호주 원주민 말에서 유래했어요. 코알라는 필요한 물을 유칼립투스 잎에서 섭취해요.

과학을 먹어요

65

구운 아이스크림

분야: 화학

난이도: 어려움 + 부모님 도와주세요

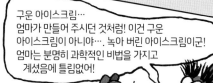

구운 아이스크림…
엄마가 만들어 주시던 것처럼! 이건 구운
아이스크림이 아니야…. 녹아 버린 아이스크림이군!
엄마는 분명히 과학적인 비법을 가지고
계셨음에 틀림없어!

아이스크림을 녹이지 않고
구울 수 있는지 궁금한 적이
있나요? 함께 해 봐요.

준비물

달걀, 타르타르 크림, 소금, 바닐라 에센스/추출물, 계량용 스푼, 가루 설탕,
큰 쿠키 한 봉지(초콜릿 칩이 좋음), 아이스크림, 오븐, 쿠키 구이 판, 양피지(황산지),
아이스크림 뜨는 숟가락(아이스크림 스쿱), 달걀 거품기, 그릇

실험 방법

1 어른의 도움이 필요해요. 달걀 세 개를 실온에 꺼내 놓아요.

2 달걀의 흰자와 노른자를 분리해요.

3 달걀 흰자를 그릇에 담아요.

4 타르타르 크림 1/4스푼(티스푼), 소금 1/4스푼(티스푼), 바닐라 추출물 1/2스푼(티스푼)을 추가해요.

5 혼합물이 위로 일어설 때까지 휘저어요.

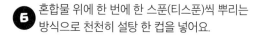

6 혼합물 위에 한 번에 한 스푼(티스푼)씩 뿌리는 방식으로 천천히 설탕 한 컵을 넣어요.

7 머랭(meringue) 혼합물이 걸쭉하고 윤기가
날 때까지 계속 저어요.

8 쿠키 구이 판을 유산지(황산지, 양피지)로
덮어요.

9 쿠키를 쿠키 구이 판 위에 놓아요. 쿠키들
사이에 간격을 두어요.

10 아이스크림 숟가락으로 각각의
쿠키 위에 작은 아이스크림 한
숟가락씩 올려요. 아이스크림을 쿠키
가장자리에서 떨어져 있게 해요.

무슨 일이 생길까?

따뜻한 오븐이 머랭을 굽지만,
아이스크림은 녹지 않아요.

아이스크림

11 머랭 혼합물을 숟가락으로 떠서 아이스크림
위에 올려요. 머랭이 아이스크림을 완전히
덮어야 해요.

12 부모님(선생님)이
도와주세요.
오븐 바닥에 놓여 있는
머랭을 110℃로
약 한 시간 동안 구워요.
머랭이 갈색으로 변하지
않게 해요.

머랭

아이스크림

왜 그럴까?

- 타르타르 크림은 산성이에요. 타르타르 크림이
촉촉해지면, 이산화탄소를 배출해요. 머랭에 공기가
통하게 해 줘요.
- 달걀 흰자는 두들겨 맞으면, 마찬가지로 작은 공기
공간들을 만들어요.
- 공기와 이산화탄소 모두 두들겨 맞은 달걀 흰자 안에
갇혀요. 단열재의 역할을 해요. 설탕이 익으면서
딱딱해져요. 이것도 역시 단열재 역할을 해요.
- 단열재 안에는 작은 공기 공간들이 갇혀 있어요. 이런
작은 공기 공간들이 열이나 추위의 움직임을 느리게
해요.
- 머랭이 아이스크림 위에 퍼지면 아이스크림은
단열이 돼요. 오븐의 열기는 굽는 동안에 안으로
들어갈 수 없어요. 단열은 아이스크림을 녹이지
않으면서 머랭을 익혀요.

66

치즈의 골절

분야: 지구과학

난이도: 쉬움

이건 그저 배고픈 쥐를 위한 실험이야.

나는 슬라이스로 썬 치즈, 깍두기 모양으로 자른 치즈, 강판으로 간 치즈, 바스러진 치즈, 심지어는 골절된 치즈도 좋아한다고!

야단맞지 않으면서 음식을 가지고 놀고 싶나요? 여기 기회가 있어요. 치즈 조각을 손에 쥐고 골절, 파손, 균열이 어떻게 커지는지 알아보아요.

준비물

치즈 슬라이스
(비닐로 개별 포장된 부드러운 치즈)

실험 방법

1 슬라이스 치즈 한 장을 꺼내서 가장자리를 잡고 당겨요. 잘 찢어지나요? 좋아요. 그럼, 찢어진 치즈는 먹어요.

2 치즈 한 장을 더 꺼내요. 손톱으로 슬라이스 치즈의 가장자리와 평행하게 칼집을 내요.

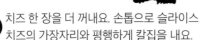

3 칼집과 평행한 치즈의 가장자리를 잡고 당겨요. 칼집에 대해 직각 방향으로 당기는 거예요. 여러분이 슬라이스 치즈에 만든 작은 칼집을 잘 봐요. 찢어짐의 모양을 살펴봐요. 찢어짐이 발생하는 곳이 있는 끝부분에서 모양이 커져요. 찢어짐이 커질수록 찢어진 부분의 끝이 빨리 움직여요. 찢어진 슬라이스는 먹어요.

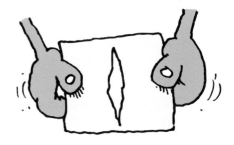

4 치즈 한 장을 더 꺼내요. 칼집 두 개를 치즈의 중간 부분 근처에 약 2.5cm 떨어지게 만드는데, 칼집들이 서로 대각선으로 균형을 잡도록 해야 해요.

5 치즈를 잡아당겨요. 무슨 일이 생기나요?

무슨 일이 생길까?

단층이 만들어졌어요. 이것은 사물이 갈라지는 곳입니다. 단층의 끝은 커지기 시작하고 안쪽으로 곡선을 그리면서 하나의 단층선으로 연결되기 시작해요. 슬라이스 치즈처럼, 기본적인 힘은 지구의 지각들을 밀거나 당길 수 있어요. 이것이 장력 골절을 만들어요. 이들 중 일부는 함께 연결되어 더 큰 단층을 만들어요.

왜 그럴까?

- 치즈를 잡아당기면 치즈 전체에 인장 응력(tension stress)이 생겨요. 물체 내 임의의 면에서 양쪽 부분에 수직으로 끌어당기는 힘이 작용할 때, 그 반작용으로 물체 내에서 원래의 형태를 지키려는 힘이 바로 인장 응력이에요.
- 칼집이 있으면, 힘이 단층을 가로질러서 보내질 수 없어요. 대신에, 단층의 끝 주변에 집중해요.
- 이렇게 힘이 집중되면 치즈가 칼집 끝자락 주변에서 쪼개지게 돼요.
- 균열이 커질수록 더 많은 힘이 갈라진 지점의 끝부분에 집중돼요. 이것이 찢어진 부분이 커지면 치즈를 당기는 것이 더 쉬워지는 이유예요.
- 두 쪼개짐의 끝이 서로 지나갈 때 스트레스의 방향이 바뀌어요. 힘이 틈새를 가로질러 일직선으로 전달될 수 없기 때문이에요. 쪼개짐의 끝부분들은 틈새 주변으로 곡선을 그려요. 그래서 쪼개진 부분들이 서로를 향해 구부러지게 되고 더 큰 것으로 연결돼요.

재미있는 사실

장력 골절은 종종 인도의 표면, 즉 도로가 쪼개져서 갈라진 것으로 나타나요. 이 갈라짐들을 보면 여러분이 치즈에서 만든 것처럼 갈라짐의 어떤 모양들이 발견돼요.

왜 이렇게 막히는 거야?

저 앞쪽에 치즈 장력 골절이 있는 것 같아.

심심풀이 퀴즈
지진은 왜 발생하죠?

지진은 지구가 스트레스를 푸는 방식이에요. 지구의 판이 서로 반대 방향으로 움직일 때, 힘이 지각에 가해져요. 지진파는 부러지거나 이동함으로써 쌓인 힘을 단층의 양쪽 끝에서 내보낼 때 생성돼요. 균열이 일어나면 그 스트레스는 에너지로 방출돼요. 그 에너지는 파장의 형태로 지구를 통하여 이동해요. 우리가 느끼는 이 파장을 지진이라고 불러요.

67 효모균 잔치

분야: 화학

난이도: 어려움 + 부모님 도와주세요

이 실험을
'야외 점심'이라고
불렀어야 하는데!

빵 한 덩어리가
과학 실험이 될 수 있을까요?
그럴 수 있어요.

준비물

전지 우유, 소금이 들어가지 않은 버터, 소금, 건조 효모,
백설탕, 물, 달걀, 일반 밀가루, 기름, 냄비, 작은 그릇,
큰 그릇, 계량용 컵, 계량용 스푼

실험 방법

1 작은 냄비에 우유 두 컵을 부어요.
부모님(선생님)의 도움을 받아 거품이 날
때까지 열을 가해요.
냄비를 불에서 내려요.

2 소금이 들어가지 않은
버터 1/2컵, 소금
한 스푼(티스푼), 설탕 두 스푼
(테이블스푼)을 넣어요. 녹을 때까지 저어요.
혼합물이 미지근해질 때까지 식혀요.

3 따뜻한 물 2/3컵을 작은 그릇에
부어요. 활성 건조
효모 한 스푼(테이블스푼)을
넣어요. 크림색이 될
때까지 약 10분 정도
놔둬요.

4 우유와 효모의
혼합물을 큰
그릇에 부어요. 달걀을
깨고 밀가루 세 컵을
넣어요.

5 남은 밀가루 네 컵을 한
번에 조금씩 저어요. 한
번씩 더 한 후에 잘 때려요.

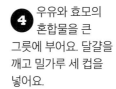

6 밀가루를 약간 뿌린 표면 위에 반죽을
올려요. 부드러워지고 탄력이 생길 때까지
약 5분 동안 치대요.

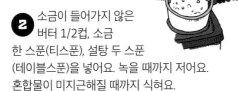

138

7 큰 그릇에 기름을 살짝 둘러요. 반죽을 그릇 안에 넣어요. 반죽 표면이 기름으로 코팅이 되도록 반죽을 뒤집어요.

8 따뜻하게 젖은 천으로 반죽이 담긴 그릇을 덮어요. 반죽의 크기가 두 배로 부풀어 오를 때까지 따뜻한 곳에서 한 시간 정도 두어요.

9 주먹으로 반죽을 내리쳐요. 밀가루를 살짝 뿌린 표면에 반죽을 꺼내 올려요.

10 반죽을 둘로 나누고 빵 덩어리 모양으로 만들어요.

11 크기가 22.8×12.7cm 정도인 빵 틀 두 개에 기름을 살짝 발라요.

12 빵 틀을 젖은 천으로 덮고, 따뜻한 곳에 두어요. 반죽이 빵 틀의 윗부분에 닿을 정도로 부풀어 오를 때까지 한 시간 동안 두어요.

13 오븐을 175℃로 예열해요. 부모님(선생님)이 도와주세요.

14 반죽을 예열된 오븐에 45-50분 동안 구워요. 또는, 두드렸을 때 빵의 바닥에서 텅 빈 것 같은 소리가 날 때까지 구워요. 철사 선반 위에 올려 두고 식혀요.

무슨 일이 생길까?

빵이 만들어졌어요! 오븐에서 나오는 열이 반죽 안에 있는 가스 주머니를 팽창시켰어요.

왜 그럴까?

- 밀가루에 물을 섞고 치대면, 단백질이 부풀어 올라요. 글루텐이 만들어져요. 글루텐은 신축성이 있어서 반죽이 부풀어 오르게 하는 기체(gas)의 공기 방울을 잡아 둘 수 있어요.
- 기체는 효모의 발효(상승) 작용 때문에 발생해요.
- 반죽 안에서 발효가 일어나고 분자들이 움직여요.
- 효모균의 효소가 탄수화물을 공격해서 포도당(glucose)으로 분해시켜요.
- 다른 효소들은 포도당(glucose) 분자들을 이산화탄소와 에탄올로 변화시켜요. 이산화탄소는 혼합물을 통해서 거품을 내며 올라오고 반죽이 부풀어 오르게 만들어요.

68

젤리 과자 다이아몬드

분야: 화학
난이도: 쉬움

아주 멋져! 진짜 다이아몬드야?

아니… 진짜 젤리 과자야…. 실험실에서 만들었어!

어머나!

다이아몬드는 구조의 모양 때문에 아주 단단해요.
우리가 먹을 수 있는 다이아몬드 구조 모형을 만들어 보면 어떨까요?

준비물
젤리 과자
또는 마시멜로, 이쑤시개

생쥐 박사의 힌트
마시멜로는 다소 부드럽고 끈적해요.
마시멜로를 사용하면 모형이 흔들릴 거예요.
젤리 과자를 사용하면 훨씬 더 튼튼한 모형을 만들 수 있어요.

실험 방법

1 젤리 과자에 이쑤시개 세 개를 끝까지 밀어 넣으세요. 삼각형 모양으로
꽂아야 젤리 과자를 세울 수 있어요.

2 젤리 과자를 하나 더 준비하고 이쑤시개 하나를 들어요. 아래쪽 다리를
함께 고정시키고 위로 쌓기 시작해요.

3 그 모양을 계속 만들어요. 이쑤시개들이 함께 모일 때마다, 젤리 과자로 고정시켜요.

4 삼각형 모양으로 기초를 형성한 열다섯 개의 젤리 과자로 시작해요. 각각의 마지막 이쑤시개에 젤리 과자가 꽂혀 있어요.

5 여러분이 무엇을 지었을까요?

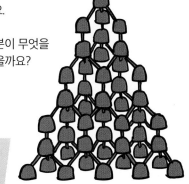

무슨 일이 생길까?

사면체가 만들어졌어요. 사면체는 삼각대 같고 매우 튼튼한 모양이지요.

왜 그럴까?

- 모형에서 젤리 과자는 탄소 원자와 같아요. 이쑤시개들은 원자 사이들의 결합이에요.
- 다이아몬드는 순수한 탄소 결정체예요.
- 각각의 탄소 원자는 근처의 다른 탄소 원자들과 네 개의 결합에 의해 단단히 고정돼요. 아주 견고한 모양이라서 파괴하는 것이 거의 불가능해요.
- 여러분이 만든 모형들은 아마도 조금씩 흔들릴 거예요. 하지만, 이 모양들이 단단하다면 얼마나 강한 구조를 만들 수 있는지 알 수 있어요.
- 이것이 다이아몬드가 아주 단단한 이유예요.
- 탄소 원자들은 다른 모양으로 붙어 있으면 부드러워요.

재미있는 사실

NASA의 화성 패스파인더 착륙선은 사면체 모양의 구조물이에요. 이 착륙선은 화성 표면에서 작동하는 데 필요한 과학 기구들과 모든 전자 및 기계 장치들을 가지고 있어요.

살고 싶으면 뛰어! 지구에서 온 사면체가 침략해 왔어!

심심풀이 퀴즈

구운 마시멜로와 다이아몬드 사이에는 무슨 공통점이 있을까요?

남은 마시멜로를 구우면, 겉면은 검게 변할 거예요. 검은색은 설탕의 일부였던 탄소인데, 다이아몬드를 만드는 탄소와 같아요.

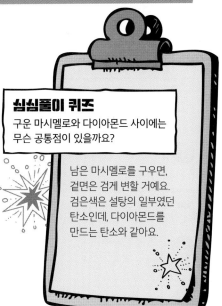

69

습기를 먹는 쿠키를 만들어 볼까요?

분야: 화학
난이도: 어려움 + 부모님 도와주세요

> 얘야, 습기를 머금은 홈메이드 쿠키 하나를 차와 곁들여 먹어 볼래?

> 그럼요, 고마워요, 할머니… 그런데 어떻게 하나만 먹고 말겠어요?

왜 쿠키 제조사들은
제품을 포장할까요?
이번 실험으로 알아보아요.
쿠키를 많이 먹게 되겠네요.

준비물

일반 밀가루, 설탕, 꿀, 달걀 두 개, 베이킹 파우더, 소금이 들어가지 않은 상온의 버터, 소금, 레몬 주스, 가루를 치는 체, 달걀 젓는 기구, 계량용 컵, 계량용 스푼, 그릇 네 개(A, B, C, D로 표시), 나무 숟가락, 구이 판, 양피지(황산지), 오븐용 장갑, 부모님의 지도

실험 방법

1 오븐을 200℃로 예열해요. 부모님(선생님)이 도와주세요.

2 밀가루 한 컵을 A그릇에 체로 걸러 내요. 베이킹 파우더 1/2스푼(티스푼)과 소금 1/2스푼(티스푼)을 추가해요.

3 밀가루 한 컵을 B그릇에 체로 걸러 내요. 베이킹 파우더 1/2스푼(티스푼)과 소금 1/4스푼(티스푼)을 추가해요.

4 버터 1/2조각(50g)을 그릇 C에 넣어요. 달걀 젓는 기구로 버터가 크림처럼 될 때까지 때려요.

142

5 설탕 1/2컵을 버터에 더해요. 잘 섞일 때까지 때려요.

6 달걀을 깨서 C그릇에 반만 넣어요.

7 A그릇의 내용물을 C그릇에 넣어요. 물 두 스푼(테이블스푼)과 레몬주스 1/2스푼(티스푼)을 더해요. 부드러워질 때까지 섞어요.

8 D그릇에 버터 반 조각(50g)을 넣어요. 꿀 1/4컵을 추가해요. 크림처럼 될 때까지 때려요.

9 달걀의 나머지 반을 넣어요. B그릇의 내용물을 D그릇에 넣고 잘 섞어요.

10 양피지를 구이 판에 깔 거나, 바닥에 기름을 잘 발라요.

11 티스푼으로 반죽을 그릇 C에서 구이 판으로 떠 옮겨요. 구이 판의 반 정도 채워요.

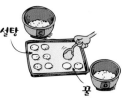
설탕
꿀

12 D그릇에 있는 반죽도 같은 방식으로 떠 옮겨요. 어떤 쿠키에 설탕이 들어가고 어떤 쿠키에 꿀이 들어갔는지 잘 기록해요.

13 가장자리가 갈색으로 변할 때까지 구워요. 약 7분이면 됩니다.

14 구이 판을 오븐에서 꺼내요. 부모님(선생님)이 도와주세요.

15 쿠키를 식히고 나서 접시 위에 털어 놓아요.

16 설탕이 들어간 쿠키와 꿀이 들어간 쿠키를 먹어 보아요. 바삭거림이 같은가요?

설탕 쿠키
꿀 쿠키

17 두 종류의 쿠키를 공기 중에 그냥 둬 봐요. 두세 시간마다 한입 깨물어 봐요. 어떤 것이 더 빠르게 바삭거림이 사라지나요?

무슨 일이 생길까?
꿀이 들어간 쿠키가 설탕이 들어간 쿠키보다 먼저 바삭거림이 사라져요.

왜 그럴까?
- 쿠키는 공기 중에 노출되면 바삭거림을 잃어버려요.
- 감미료(sweetener)가 이렇게 만들어요. 수분을 흡수하기 때문이에요.
- 감미료(sweetener)는 쿠키를 바삭거리게 만들거나 부드럽게 만들어요. 백설탕과 메이플 시럽처럼 자당(sucrose) 혹은 옥수수 시럽처럼 포도당이 많이 들어간 쿠키는 바삭바삭한 상태를 유지해요.
- 꿀과 같이 과당(fructose)이 높은 감미료는 다르게 작용해요. 과당은 공기 중의 수분을 흡수하는 성질이 있어서, 꿀을 많이 넣어 만든 쿠키는 부드러워져요.

물감이 흘러나와요

70

분야: 물리학
난이도: 쉬움

실험을 위해 파란색 사탕을 챙겨야지…. 아니야…. 먹어 버릴지도 몰라!

그럼 빨간색을… 아니야…. 나는 빨간 것도 좋아해!

노란색? 안 돼…. 그것들도 좋아하잖아!

좋아! 다음 지시 사항이 있을 때까지 실험을 멈춰야겠다.

색깔은 단지 한 가지 색일 뿐일까요?
아니면 서로 다른 색들의 혼합일까요?
사탕을 이용해서 색층분석법이
어떻게 작동하는지 봅시다.

준비물
하얀 필터 종이/하얀 종이 타월,
M&M's 사탕 한 봉지, 물, 접시, 가위

실험 방법

1 필터 종이를 지름 약 15cm 크기가 되도록 동그란 모양으로 잘라 내요.

2 접시를 평평한 곳에 두고, 종이를 접시 위에 올려놓아요.

3 사탕을 종이 가운데에 놓아요.

4 손가락을 물에 살짝 담가요. 물이 묻은 손가락을 사탕 위로 가져가요. 물이 종이 위에 번질 수 있을 만큼 충분히 사탕 위에 물을 떨어뜨려요.

5 사탕이 물에 잘 젖고 물이 퍼지면서 종이 위에 만들어지는 원의 크기가 지름 약 5cm가 될 때까지 반복해요.

6 한동안 두면서 계속 확인해요. 뭔가 변화가 생길 거예요.

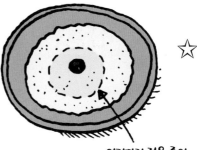

여기까지 젖은 종이

무슨 일이 생길까?

색깔이 있는 고리 모양들이 사탕 주변에 생겨요. 다른 색으로 반복해 봐요. 어떤 색의 사탕이 가장 특이한 물감으로 만들어졌을까요? 이제 사탕을 먹어요. 바깥 부분이 젖으면 사탕에 대해 무엇을 알 수 있을까요? 아주 바삭하지는 않아요, 그렇지요?

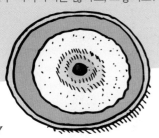

왜 그럴까?

- 사탕의 바깥을 덮고 있는 설탕 코팅의 색이 물에 녹아요.
- 물이 모세관 활동에 의해서 종이를 통해 빠져나와요. 흘러나오는 물이 점점 더 커지는 원을 그리면서 이동해요.
- 사탕을 구성하는 다른 물감들이 다른 속도로 움직이면서 분리돼요.
- 분자 수준에서 크기가 더 작고 물을 잘 흡수하는 분자들이 종이를 통해서 더 빠르게 이동해요.
- 사탕에서 멀리 이동한 색깔들이 가까이 있는 색깔보다 흐려요.

심심풀이 퀴즈
엠앤엠즈(M&M's®)는 어디에서 유래한 걸까요?

엠앤엠즈(M&M's®)에 대한 생각은 스페인 내전에서 유래했어요. 포레스트 마스 시니어(Forrest Mars Sr)가 스페인으로 가는 여행 중에 딱딱한 설탕으로 코팅한 초콜릿 알갱이를 먹고 있던 군인들을 만났다는 이야기예요. 설탕 코팅은 초콜릿이 녹지 않게 했어요. 마스(Mars)는 부엌으로 돌아와서 M&M's®를 위한 요리법을 만들어 냈어요. 1941년에 처음으로 대중들에게 판매되었고 2차 세계대전 중에 미국 군인들 사이에서 인기가 많았어요.

재미있는 사실

일반적으로 물은 아래로 흐른다고 생각하지만 모세 혈관 작용은 물이 위쪽으로 움직이게 해요. 어떻게 그럴 수 있는지 보고 싶나요? 셀러리 줄기를 물과 식용 색소가 든 병에 담아요. 다음 날 셀러리를 살펴봐요. 줄기를 자르고 색색의 물이 얼마나 많이 위로 올라갔는지 봐요. 카네이션, 데이지, 국화 같은 흰 꽃으로 똑같이 해 봐요. 하얀 꽃잎의 색이 변하기까지는 얼마나 오래 걸리나요?

> 알폰소… 나는 아주 시간이 많아. 무슨 색으로 해 줄 거야?

> 선명한 오랜지 색으로 해 주겠어!

71 아침에 철분을 먹어요

분야: 화학

난이도: 중간

배가 고픈가요?
그렇다고 쇠를 먹을 수 있을까요?
대부분의 아침 시리얼은
건강 보조 식품으로
철분을 첨가해요.
실험으로 알아보아요.

준비물

두 개의 다른 아침 시리얼(건강에 좋은 것 하나, 그렇지 않은 것 하나), 그릇, 연필, 자석, 지퍼 백, 테이프, 물, 하얀색 커피 필터 종이/종이 타월, 현미경 또는 돋보기

실험 방법

1 각각의 시리얼 1/2컵을 두 개의 개별 지퍼 백에 담아요. 봉지를 닫아요.

2 손으로 시리얼이 가루가 되도록 으깨요.

3 으깬 시리얼을 각각 다른 그릇에 옮겨 담아요.

4 물 한 컵을 각각의 그릇에 붓고 저어요. 필요하면, 혼합물 농도를 연하게 하고 수프처럼 유지하려면 물을 추가해요.

6 자석으로 시리얼 혼합물을 10분 동안 저어요.

5 테이프로 작은 자석을 연필의 지우개 끝에 붙여요. 비닐봉지 안에 넣어 밀봉해요.

7 자석을 들어 올려 꺼내요. 무엇이 보이나요? 필터 용지 위에서 자석을 부드럽게 닦아요.

무슨 일이 생길까?

작은 쇠 줄밥 가루가 자석에 붙었어요! 그 가루들은 자석 위에 붙은 작고 까만 점들처럼 보일 거예요. 때때로, 함께 뭉치기도 해요. 줄밥들이 잘 안 보이면, 현미경이나 돋보기를 통해서 봐요.

쇠 줄밥들

왜 그럴까?

- 자석은 철을 끌어당겨요.
- 철을 가지고 있는 물건은 자석에 달라붙어요.
- 우리 몸엔 철이 아주 많지는 않아요. 그래서 자석이 우리 몸에 붙지는 않지요.

재미있는 사실

인간의 몸은 많은 기능을 위해 철분이 필요해요. 특히 철분은 적혈구에서 헤모글로빈을 만들기 위해 필요해요. 산소 분자를 잡아당기는 것이 바로 헤모글로빈에 있는 철분이에요. 혈액 세포들이 산소를 몸 안에 있는 다른 세포들에게 운반하게 해요. 적혈구들은 항상 교체돼요. 철분을 꾸준히 공급해 줘야 하는 이유예요.

철분이 조금 많이 들어간 시리얼을 아침에 먹었군

심심풀이 퀴즈

시리얼에 있는 철분과 못, 자동차, 기계에 있는 것과 같은 철인가요?

맞아요! 시리얼에 있는 철은 순수한 철이에요. 정말이에요. 다른 첨가물과 함께 시리얼 반죽에 섞여 있어요. 작은 철분 입자들은 염산과 소화관 내의 다른 화학 물질과 빠르게 반응해요. 그래서 몸에 쉽게 흡수되는 형태로 변해요.

147

압력 아래에서

72 달걀 귀신은 압력을 받으면 깨질까?

분야: 물리학
난이도: 중간

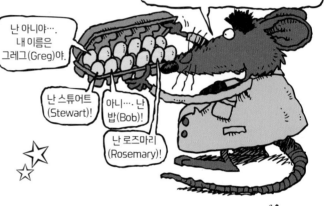

이제 달걀 깨기 압력 테스트를 마무리했는데…. 여기 안에 달걀 귀신이 있으려나?

난 아니야…. 내 이름은 그레그(Greg)야.

난 스튜어트 (Stewart)!

아니…. 난 밥(Bob)!

난 로즈마리 (Rosemary)!

달걀 껍질은 잘 깨지나요?
아니면 아주 튼튼할까요?
달걀로 아슬아슬한
실험을 해 봅시다.

준비물
달걀, 컵, 마스킹 테이프, 손톱 가위,
통조림 식품, 판지 상자 종이 조각

생쥐 박사의 힌트
파충류의 알은 절대로 사용하지 말아요.
악어나 뱀, 도마뱀으로 부화될지도 몰라요.
실험을 망쳐 버릴 거예요.

실험 방법

1 마스킹 테이프를 달걀 네 개의 가운데
부분 둘레에 붙여요. 마스킹 테이프의
양쪽 끝 사이에 간격을
유지해요.

2 조심스럽게 테이프의
간격 사이에 구멍을 내요.

3 달걀의 내용물을 컵에
비워요. 달걀 껍질은 빈
상태로 둬요.

148

4 손톱 가위를 구멍 안으로 넣어요.

5 마스킹 테이프가 덮고 있는 달걀 껍질의 가운데 부분을 따라서 가위로 잘라 내요.

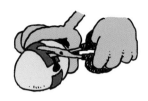

6 달걀 껍질을 반으로 분리해요.

7 들쭉날쭉한 달걀 껍질을 잘 다듬어요. 각 달걀 껍질의 가장자리를 잘 다듬어서 직선으로 바닥에 접할 수 있어야 해요.

8 달걀 껍질의 둥근 부분을 위로 향하게 해서 정사각형 배열로 놓아요.

9 판지 상자 조각을 달걀 껍질 위에 놓아요.

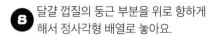

10 통조림 식품을 판지 상자 위에 올려놓아요.

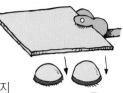

무슨 일이 생길까?

달걀 껍질이 부숴졌나요? 첫 번째 통조림 통 위에 하나 더 올려요. 달걀 껍질이 부숴질까요? 통조림을 계속 쌓아요. 달걀 껍질이 부숴질 때까지 몇 개나 쌓을 수 있나요? 달걀 껍질들은 얼마나 많은 무게를 견디었나요?

왜 그럴까?

- 달걀의 힘은 돔(dome) 형태에 있어요.
- 돔(dome)의 어떤 한 지점이 그 위에 놓인 깡통의 전체 무게를 지탱하지 않아요.
- 무게는 둥근 벽을 따라 넓은 아래 부분으로 퍼져 달걀 껍질이 더 많은 무게를 지탱할 수 있게 해요.

 재미있는 사실

날달걀인지 삶은 달걀인지 모르겠다고요? 달걀을 한쪽으로 눕히고 돌린 후에 잠깐 멈추도록 잡아요. 그리고 놓아요. 달걀이 멈추면 삶은 달걀이에요. 계속 돌면, 날달걀이에요. 날달걀 안에는 아직 액체가 있기 때문이에요. 여러분이 달걀을 잡아도 달걀 안에 있는 액체는 계속 회전해요. 달걀을 놓으면 안에서 회전하는 액체가 달걀이 계속 돌게 해요.

> 삶은 달걀은 회전을 멈추지…. 날달걀은 계속 돌고….

심심풀이 퀴즈

전 세계에서 일주일에 소비되는 모든 달걀들을 줄세우면 얼마나 멀리까지 다다를 수 있을 것 같아요?

> 달걀을 세워 놓은 줄은 지구에서 달까지 다다를 거예요.

투명 방패

73

분야: 물리학

난이도: 중간

비가 멈춰야
투명 방패로 날아오는
미사일이나 악당들을
물리칠 수 있을 텐데….

공기는 우리를 보호할 수 있을 정도로 강할까요? 공기는 우리 모두의 주위에 있지만, 우리는 관심을 주지 않아요. 공기처럼 우리 눈에 보이지 않는 어떤 것이 신문처럼 우리 눈에 보이는 것을 보호할 수 있을까요?

준비물

신문, 작고 빈 유리컵,
차가운 물을 담은 그릇,
비 오는 날씨(선택 사항)

생쥐 박사의 힌트

엄마가 스포츠 페이지를 읽고 아빠가 라이프스타일 섹션에서 요리법을 삭제하기 전에는 신문을 쓰지 말아요.
반려동물의 집이나 배변통에 있는 찢어진 신문지는 쓸모가 없어요.

실험 방법

1 빗속으로 들어가요. 신문지 1/2장을 펴서 머리 위로 들어 올려요.
신문지가 여러분이 비에 젖지 않게 해 주나요? 아니죠, 물이 종이 안으로
흠뻑 스며들죠, 그렇지 않나요?

2 마른 신문지 1/2장을 다시 준비해요.

3 신문지를 유리컵 안으로 넣어요. 단단히 밀어
넣어야 해요. 신문이 유리컵의 테두리에
있으면 안 돼요.

4 유리컵을 거꾸로 뒤집어요.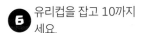

7 유리컵을 물에서 바로 꺼내요. 입구 테두리를 닦아요.

5 유리컵을 물이 담긴 그릇에 잠기게 해요. 유리컵의 입구 테두리가 물이 담긴 그릇의 바닥에 잘 놓여 있어야 해요.

8 유리컵을 똑바로 세워요. 신문지가 젖었을까요? 마른 상태일까요?

6 유리컵을 잡고 10까지 세요.

무슨 일이 생길까?

신문지가 젖지 않았어요!

많이 구겨졌네…. 그래도 좋아. 잘 말랐네!

왜 그럴까?

- 공기 분자는 눈에 보이지 않아요. 그렇지만, 여전히 무게가 있고 공간을 차지해요.
- 물이 유리컵 안으로 들어올 수 없어요. 유리컵은 실제로 공기 분자들로 꽉 차 있기 때문이에요.
- 유리컵이 물 안으로 밀려들어 갈 때 공기 분자들이 탈출하지 못해요. 대신에, 분자들이 서로 함께 눌려요.
- 공기는 물보다 가볍기 때문에 빠져나올 수 없어요. 공기는 물과 신문 사이에서 방패 같은 역할을 해요. 물이 유리컵 안으로 들어갈 수도 있지만, 종이를 적실 만큼은 아니에요.

재미있는 사실

기압은 우리에게 날씨가 어떨지 말해 줄 수 있어요. 고기압은 대개는 맑은 하늘을 의미해요. 저기압이 오면 폭풍과 비가 오는지 봐요.

다소 큰 저기압이 나를 잡으려고 버스 정류장과 현관문 사이로 이동했군. 방심했어. 이런!

심심풀이 퀴즈

지구의 대기는 우리 몸의 모든 부분을 압박해요. $1cm^2$당 1kg의 힘으로 압박해요. $1000cm^2$가 넘어가면 그 힘은 거의 1t이에요! 기압이 우리를 으깨지 못하게 막아 주는 것은 무엇일까요?

우리 몸 안에 있는 공기 분자들은 우리가 기압 때문에 으깨어지는 것을 막아 줘요. 몸 안에 있는 공기는 바깥에 있는 압력과 균형을 이뤄요. 이것이 우리를 단단하게 하고, 찌그러지지 않게 해요. 다음에 누군가가 "압박을 받고 있다"고 말하면, 그들에게 동의해 줘요.

풍선 허파

74

분야: 해부학
난이도: 쉬움

허파에 공기가 가득 차면
허파는 무슨 모양일까요?
알아봅시다!

또 생일 파티야!
또 풍선을 불어야 한다는 거군!

준비물
투명한 플라스틱 병, 풍선,
플라스틱 깔때기

생쥐 박사의 힌트
플라스틱 병에 좋아하는 음료가 들어 있는
게 좋아요. 실험하기 전에 음료수를 다 마실
기회가 있으니까요.

실험 방법

1 풍선에 바람을 열 번 불어 넣어요. 풍선이 부풀어
올라요.

2 폭이 14cm 정도 되는 깔때기의 목을 풍선
입구로 1cm가량 끼워 넣어요.

152

3 풍선과 깔때기의 목을 투명한 플라스틱 병에 밀어 넣어요. 풍선이 약간 부풀어 올라 있어야 해요.

4 플라스틱 병의 옆면을 손으로 꽉 짰다가 놓기를 열 번 해요. 풍선이 무슨 일을 하나요?

숨을 내쉼

숨을 내쉼

무슨 일이 생길까?

풍선이 진짜 폐처럼 숨을 쉬어요.

왜 그럴까?

- 공기가 풍선 밖으로 밀려 나가요.
- 손에 힘을 풀면, 풍선은 다시 공기로 채워져요.
- 우리가 숨을 들이쉴 때, 흉강(chest cavity)의 근육이 수축하고 팽창해요.
- 흉강 안의 압력이 외부 공기압보다 낮아져요.
- 공기는 기도를 통해 안으로 흘러 들어와서 폐를 팽창시켜요.
- 숨을 내쉬면 근육이 이완돼요. 흉강은 작아져요.
- 흉강 안의 부피가 줄어들면 흉강 안의 압력이 외부 공기압 이상으로 증가해요.
- 폐에서 나오는 공기(고기압)는 기도를 통해 외부로 흘러 나가요(저기압). 이 과정이 숨을 쉴 때마다 반복돼요.

재미있는 사실

숨은 세계의 '허파'와 같아요. 우리가 숨 쉬는 공기를 위해 숲이 필요해요. 나무들은 생존하기 위해 이산화탄소를 사용하고 산소는 내뿜어요. 숲은 산소 공장과 같아요. 지구의 생존을 위해 꼭 필요해요.

심심풀이 퀴즈

우리 몸에서 표면적이 테니스장 넓이만큼 큰 부위는 어디일까요?

허파예요.

저 숲 안에 있는 나무들이 동시에 숨을 내쉬면 어떻게 될까?

75 누가 이겼지? 빨대가 이겼어요

분야: 물리학

난이도: 쉬움

저게 뭐지?
실험을 위해 내 빨대가 필요해?
나중에 다시 와야 할 거야.
지금은 레모네이드를
마셔야 하니까!

빨대를 이용해서 액체를
입 안으로 당겨 넣을 수 있다고 생각하나요?
아니요, 그럴 수 없어요.
왜 그런지 알아볼까요?

준비물
빨대, 유리컵, 물 ☆

실험 방법

1 유리컵에 물을 반 채워요.

3 빨대로 물을 조금 빨아들여요.

2 빨대를 컵에 넣어요.

4 빨대 꼭대기(입구)에 손가락을 대고 있어요. 빨대를 물에서 꺼내요.

5 빨대를 다른 빈 유리컵 위로 가져가요.

6 손가락을 빨대 꼭대기(입구)에서 떼요. 물이 어떻게 되는지 봐요.

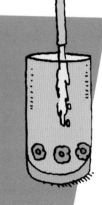

무슨 일이 생길까?

물이 빠져나와요.

왜 그럴까?

* 여러분이 빨대를 통해서 물을 빨아들일 때, 액체를 끌어 올리는 것이 아니에요. 빨대 내부에 있는 공기의 일부를 없애는 거예요.
* 그래서, 빨대 내부의 압력을 외부 압력보다 낮게 만들어요.
* 외부 공기의 더 큰 압력이 컵 안에 있는 물을 빨대를 통해서 여러분의 입 안으로 밀어 올려요.
* 손가락이 빨대의 입구를 덮고 있을 때, 물은 빨대 안에 가만히 있어요.
* 빨대 위로부터 공기의 압력을 감소시켜요.
* 빨대 아래의 더 큰 공기압이 빨대 안에 물을 가두어 놓아요.

재미있는 사실

1888년에 마빈 스톤(Marvin Stone)은 최초의 종이 빨대를 만들기 위한 나선형으로 구부리는 공정에 대한 특허를 냈어요. 그 전에는 사람들은 천연 호밀 풀 빨대를 사용했어요. 스톤은 종이 조각들을 연필에 감아 접착함으로써 빨대를 만들었어요. 그러고 나서는 파라핀으로 코팅된 마닐라 종이를 사용했어요. 그래서 물을 마시는 동안에도 빨대가 눅눅하지 않았어요. 1906년에 스톤의 회사는 빨대를 감는 기계를 발명했어요.

언젠가 누군가 완벽한 빨대를 만들기를 바라. 대나무 맛은 참 별로야.

심심풀이 퀴즈
유리컵 안에 있는 물을 위아래로 뒤집을 수 있을까요?

예, 가능해요! 유리컵을 물로 완전히 채워요. 유리컵의 윗부분을 두꺼운 종이로 덮어요. 종이가 테두리 전체에 닿을 수 있도록 하고 컵의 아래쪽을 잡아요. 유리컵을 조심스럽게 뒤집고 손을 떼요. 물이 유리컵 안에 가만히 있어요.

(76) 난 할 수 있어. 너는?

분야: 물리학

난이도: 어려움 + 부모님 도와주세요

> 우와!
> 누군가 내 실험용
> 탄산음료수 캔을
> 흔들었군!
> 모두 합쳐 또 다른
> 실험을 해야지!

어떤 것들은 압력을 가하면
우리가 생각하는 대로
움직이지 않기도 해요.

준비물

빈 알루미늄 탄산음료수 캔, 큰 그릇,
주방용 집게

실험 방법

① 큰 그릇을 차가운 물로 채워요.

② 물 한 큰술을 빈 캔에 넣어요.

③ 캔을 스토브 위에 놓고 열을 가해서 물을
끓여요. 주방용 집게로 캔을 잡아요.
부모님(선생님)이 도와주세요.

④ 물이 끓을 때, 캔을 잘 살펴봐요. 응축된
증기의 구름이 구멍에서 빠져나갈 거예요.
물을 약 30초간 끓게 돼요.

5 재빠르게 캔을 뒤집어서 물을 담아 둔 그릇에 담가요. 그릇 안의 물이 캔의 구멍으로 흘러 들어가나요? 아니면 다른 일이 생기나요?

무슨 일이 생길까?

펑! 캔이 거의 즉시 우그러져요. 그릇에 있는 물이 캔 안으로 들어갈 수도 있어요. 하지만, 바깥에 있는 공기가 캔을 우그러뜨리는 것을 막을 정도로 빠르게 흘러 들어가지는 못해요.

왜 그럴까?

- 캔에 열을 가하면, 물이 끓어요.
- 끓는 물에서 나오는 수증기가 차가운 공기를 캔 밖으로 밀어내요.
- 캔이 위아래로 뒤집힌 채로 물 안에 들어가면, 캔이 수증기로 가득 차 있는 상태에서 갑자기 식어요.
- 캔을 식히면 캔 내부에 있는 수증기를 압축시킬 수 있어요.
- 그러면 캔 안에 공기의 양이 원래 있던 것보다 줄어들어요. 이렇게 되면, 캔 외부 공기의 압력이 내부의 압력보다 커지고, 바깥에 있는 공기가 캔을 우그러지게 만들어요.

👉 재미있는 사실

빈 알루미늄 캔을 손으로 우그러뜨릴 수 있어요. 빈 캔을 손으로 쥐어짜면, 외부의 압력이 내부의 압력보다 더 커져요. 충분히 강한 힘으로 쥐어짜면 빈 캔이 우그러져요.

캔을 우그러뜨리기 전에 캔 안에 있는 음료를 마셔야 할 것 같은데….

우지끈

심심풀이 퀴즈

알루미늄 캔을 분해하는데 얼마나 걸릴까요?

알루미늄 캔이 분해되는데는 500년이 넘게 걸려요.

이건 식은 죽 먹기야

77 마법 구슬

분야: 물리학

난이도: 중간

어렸을 때 이것들을 가지고 있었으면 마법사가 되었을 거야!

아브라카다브라

마법 구슬

관성은 외부의 힘이 가해지지 않는다면
몸이 가만히 있거나 움직이는 방식이에요.
어떻게 작용하는지 보고 싶나요? 그럼 몸을 움직여야 해요.

준비물

막대자 두 개, 구슬, 테이프

실험 방법

1 자를 평평한 곳에 테이프를 붙여서 고정시켜요. 두 자는 서로 약 1.5cm 정도 떨어진 채로 평행이어야 해요.

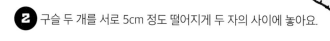

2 구슬 두 개를 서로 5cm 정도 떨어지게 두 자의 사이에 놓아요.

3 첫 번째 구슬이 굴러가게 부드럽게 톡 쳐요. 그리고 두 번째 구슬을 톡 쳐요. 무슨 일이 생기나요?

무슨 일이 생길까?

굴러가던 구슬이 멈추고, 가만히 있던 구슬은 이제 굴러가요. 굴러가는 구슬의 힘이 다른 구슬로 이동해서 그래요. 이제 두 구슬을 서로 닿을 수 있게 막대기 위에 놓고 세 번째 구슬은 몇 cm 떨어지게 놓아요. 세 번째 구슬을 부드럽게 다른 두 구슬 쪽으로 톡 쳐서 굴려요. 굴러가던 구슬은 멈추고, 가운데 구슬은 가만히 있고, 세 번째 구슬이 굴러가요! 운동량이 두 번째 구슬을 통해서 세 번째 구슬로 전달돼요! 다른 조합으로 해 봐요. 구슬 두 개를 정지해 있는 구슬 세 개 쪽으로 굴려요. 혹은 구슬 세 개를 또 다른 구슬 세 개가 놓인 곳으로 굴려요. 아무리 많은 구슬들을 움직이게 해도 그 구슬들이 부딪칠 때에는 같은 수의 구슬들이 굴러가게 된다는 것을 알게 될 거예요.

왜 그럴까?

- 관성은 한 물체가 또 다른 물체를 움직이게 하는 방식이에요.
- 가만히 있는 물체는 계속 가만히 있으려 해요. 움직이는 물체는 같은 방향으로 계속 움직이려고 해요.
- 물체는 어떤 외부의 힘이 가해지지 않으면 가만히 있거나 계속 움직여요.

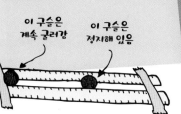

이 구슬은 계속 굴러감

이 구슬은 정지해 있음

재미있는 사실

종이 빨대가 생감자를 통과할 수 있을까요? 여기 또 다른 관성 활동이 있어요. 주방 카운터에 감자를 올려놓아요. 감자가 오래되었으면, 먼저 물 안에 30분 동안 담가 두어요. 감자를 한 손에 꽉 쥐어요. 빠르고 강하게 밀어서 감자를 빨대로 찔러요. 빨대는 구부러지거나 휘어지지 않고 감자를 뚫어요.

사람들이 감자에 빨대를 넣기 위해 온갖 고생을 한다는데…. 그런데 이걸로 뭘 하지?

주스를 빨아내야 하나?

심심풀이 퀴즈

곡식 줄기와 같은 부드러운 것이 어떻게 벽을 통과할 수 있을까?

최소 177km/h 속도의 토네이도 바람이 불면 관성은 들판에 있는 곡물 줄기들을 나무로 만든 헛간이나 집으로 통과시킬 수 있어요.

78 계속 가는 거야

분야: 물리학

난이도: 쉬움

후아! 누가 미끄럼틀에 기름을 발랐나?

어떤 물체들은 다른 것들보다 더 쉽게 움직일까요?

준비물

성냥갑, 돌, 작은 나무 블록, 지우개, 옆면이 납작한 유리병, 각 얼음, 도마 혹은 부드러운 나무 조각, 금속 쟁반

생쥐 박사의 힌트

학교 가는 날에 여러분이 다른 사람들보다 더 천천히 침대에서 나온다면, 마찰 탓으로 돌려요.

실험 방법

1 물건들을 도마의 한쪽 끝에 줄을 세워요.

160

2 물건들이 움직일 때까지 한쪽을 들어 올려요. 어떤 물건이 가장 먼저 움직이나요?

3 실험을 반복해요. 이번에는 금속 쟁반에 올려놓고 해요. 물건들이 더 쉽게 움직이나요?

무슨 일이 생길까?
물건들 중에서 어떤 것들은 다른 것들보다 더 쉽게 움직일 거예요. 쉽게 움직이는 물건들은 느낌이 어떤 지 느껴 봐요. 매끈하게 느껴질 거예요. 거친 것들은 쉽게 움직이지 않을 거예요.

왜 그럴까?
• 각 표면은 도마의 표면과 다른 마찰량을 가지고 있어요.
• 매끈한 것들이 먼저 미끄러져 내려올 거예요. 매끄러운 면이 도마 위에서 쉽게 움직여요.
• 거친 물건들은 마찰이 더 많아요. 더 천천히 움직여요.
• 고무로 된 표면을 가진 것들은 거의 움직이지 않을 거예요. 강한 마찰을 일으키기 때문이에요.

재미있는 사실

마찰은 물체가 물속에서 움직이는 것도 어렵게 만들어요. 매끄러운 고무공과 테니스 공을 준비해요. 깊이가 얕은 그릇 두 개에 물을 조금만 담아요. 각 그릇에 공을 놓고 회전시켜요. 어떤 것이 더 쉽게 움직이나요? 매끄러운 면은 마찰을 덜 만들기 때문에 고무공이나 테니스 공보다 더 쉽게 움직여요. 이게 바로 빠른 보트의 선체가 매끄러운 이유예요.

심심풀이 퀴즈
마찰은 낙하하는 고양이를 도울 수 있을까요?

고양이는 마찰에 대해 잘 알아요! 고양이는 자신의 질량을 증가시키면 마찰이나 공기 저항이 더 많아진다는 것을 알고 있어요. 고양이는 낙하할 때 스스로의 위치를 바로잡아요. 다리를 벌려서 일종의 고양이 낙하산을 만들어요! 상승하는 공기 입장에서는 밀어내야 할 면적이 커져요. 고양이의 낙하는 느려지고, 고양이는 잘 착지할 수 있어요. 하지만, 여러분의 가여운 새끼 고양이를 시험하지 말아요.

79 잘 끌어당겨지나?

분야: 물리학

난이도: 쉬움

괜찮아! 길을 잃었어! 나는 과학자야, 탐험가가 아니라고!

자석은 우리가 생각하는 것보다 더 인간적이에요.
양극은 서로 밀쳐 낼 뿐만 아니라 서로 당길 수 있어요.

준비물
점토, 지우개가 달린 날카로운 연필,
말발굽 모양의 자석

생쥐 박사의 힌트
자석을 오디오 테이프, 비디오 테이프, 컴퓨터 디스크에서
멀리 떨어지게 놓아요. 안 그러면 그 안에 있는 정보가
지워질지도 몰라요!

실험 방법

1 점토를 굴려서 공 모양으로 만들어요.

2 납작하게 해서 원뿔 모양을 만들어요.

❸ 연필의 지우개 끝부분을 점토 안으로 밀어 넣어요.

❹ 연필 심 끝에 말굽자석을 조심스럽게 올려놓고 균형을 맞춰요.

무슨 일이 생길까?
자석이 스스로 남북 방향으로 천천히 움직여요.

북쪽 - 남쪽

왜 그럴까?

- 지구에는 자기장이 있어요. 아주 강하지는 않지만, 여러분의 자석을 끌어당기기에는 충분해요. 자석은 남북 방향으로 향했지요.
- 50억 년 전에 지구는 운석과 혜성들이 섞여서 만들어졌어요. 엄청난 양의 열이 지구를 녹였어요. 지금도 여전히 열을 식히는 중이에요.
- 유성에서 나온 철과 같은 밀도가 더 높은 물질들이 가라앉아서 지구의 핵을 만들었어요. 회전하면서 자기장을 만들었어요.

재미있는 사실

소는 풀을 뜯어 먹는 것을 좋아해요. 안타깝게도, 볼트, 못, 그리고 철조망 조각들이 풀밭에 깔려 있기도 해요. 소는 그런 것들을 실수로 먹기도 해요. 이런 것들을 삼켜서 소화 기관으로 보내면서 죽는 소들도 있어요. 이런 문제를 해결하기 위해 농부들은 송아지에게 자석을 먹일 수 있어요. 자석은 소의 배 속에 평생 머무르면서 금속을 끌어모아요. 금속들이 소의 소화 기관을 통과하지 않게 하는 거지요.

저 소는 '자석처럼 끌리는 매력적인 성품'을 가졌다고 하는데…. 내 생각에는 뭔가 다른 게 있는 것 같아!

심심풀이 퀴즈
바다 한가운데에 있다고 상상해 봐요. 보이는 건 물만 있을 뿐이고 해가 보이지 않는 흐린 날이에요. 어느 방향으로 가야 할지 어떻게 알까요?

지구상에 어디에 있든지 상관없이 나침반을 가지고 있으면 돼요. 나침반이 북극을 가리킬 거예요. 인공위성과 다른 첨단 항법 장치들이 있기 훨씬 전에 나침반은 방향을 알려 주는 가장 좋은 방법이었어요.

이게 이해가 돼?

냄새!

분야: 생물학

난이도: 쉬움

냄새를 맡아 보니…
쥐가 있군!

더 알아내고 싶나요?

준비물
친구, 눈가리개, 가족들의 옷

실험 방법

이 봐!
이 안은
검은색이야!

1 눈가리개를 써요. 훔쳐보지 말아요.

2 친구에게 누군가 방금 벗은 옷을 가져오라고 해요. 냄새나는 양말이 아니길 바라요! 여러분 가족 각 구성원의 것도 가져오게 해요.

쥐가 냉장고 아래로 기어들어 가서 죽었던 걸 기억하지? 이게 딱 그 냄새 같아!

3 친구가 옷을 여러분의 코 밑으로 갖다 대요. 손으로 만지면 안 돼요.

4 집중해서 단지 냄새만으로 누구의 옷인지 알아맞혀 봐요.

무슨 일이 생길까?

여러분 가족 중 누구의 옷인지 알아낼 수 있을 거예요.

왜 그럴까?

- 냄새는 우리 몸이 만드는 페로몬(pheromone)에서 나와요.
- 우리 모두 자신만의 특별한 냄새를 가지고 있어요. 그 냄새는 다른 누구와도 달라요.
- 우리는 이런 냄새들에 익숙해져서 알아채지 못해요.
- 우리의 냄새는 향수의 향기를 바꾸기도 해요. 향이 사람마다 다른 이유예요. 또한 집마다 냄새가 다른 이유이기도 해요.

재미있는 사실

벌집 근처에서 말벌을 짓누르지 않게 조심해요. 죽어 가는 말벌은 경고하는 페로몬을 뿜어내요. 다른 말벌들이 날아와서 도와주도록 하는 거지요. 15초 안에 4.5m 안에 있는 말벌들이 자신들의 친구를 밟아 버린 여러분을 공격할 거예요.

사고였어! 너희 친구를 밟을 생각은 없었다니까!

그 친구는 검은 머리에 체격은 중간이고 발이 컸다고! 이제 저세상으로 갔어!

심심풀이 퀴즈

왜 발냄새는 고약할까요?

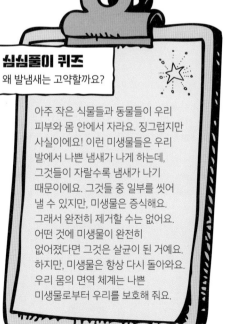

아주 작은 식물들과 동물들이 우리 피부와 몸 안에서 자라요. 징그럽지만 사실이에요! 이런 미생물들은 우리 발에서 나쁜 냄새가 나게 하는데, 그것들이 자랄수록 냄새가 나기 때문이에요. 그것들 중 일부를 씻어 낼 수 있지만, 미생물은 증식해요. 그래서 완전히 제거할 수는 없어요. 어떤 것에 미생물이 완전히 없어졌다면 그것은 살균이 된 거예요. 하지만, 미생물은 항상 다시 돌아와요. 우리 몸의 면역 체계는 나쁜 미생물로부터 우리를 보호해 줘요.

81 보고도 못 믿겠어!

분야: 생물학

난이도: 쉬움

우아! 머리가 없어! 게다가 거울이 깜빡거려…. 머리를 잃어버렸거나 다음 실험과 관련이 있을 거야…!

머리가 다시 돌아와야 할 텐데….

보통 두 눈은 사물에 대한 동일한 시각 정보를 받아들여요. 우리는 이런 시각 정보들을 섞어서 하나의 3차원 그림으로 만들어요. 우리 눈이 다른 이미지를 받아들이면 무슨 일이 생길까요?

준비물

의자, 10-15cm 크기의 휴대용 손거울, 하얀 벽 혹은 하얀 표면(예: 흰 벽보판), 친구

실험 방법

1 의자에 앉아요. 여러분의 오른쪽에 하얀 벽이 있어야 해요.

2 몇 m 떨어진 곳에 친구를 의자에 앉히고 움직이지 않게 해요. 친구의 뒷배경은 단색의 밝은색이어야 해요.

3 왼손으로 거울의 아래 부분을 잡아요. 거울의 끝을 코에 대요. 거울의 반사면이 옆쪽으로 하얀 벽을 향하게 해요.

4 거울의 끝부분을 계속 코에 대고 움직이지 말고 있어요. 거울을 돌려서 하얀 벽의 반사면이 오른쪽 눈에 보이고, 왼쪽 눈은 친구의 얼굴을 향하도록 해요. 친구의 얼굴에서 한 특징에만 집중해요.

왼쪽 눈으로 친구를 봐요.

오른쪽 눈으로 하얀 벽을 봐요.

5 창문을 닦는 것처럼 손을 하얀 벽 앞에서 아주 천천히 움직여요. 무엇이 보이지 않나요?

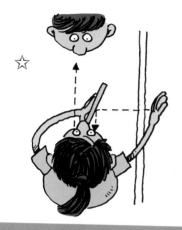

무슨 일이 생길까?

친구 얼굴의 일부가 사라져요! 만약 그렇지 않다면, 여러분의 한쪽 눈의 시력이 다른 쪽 눈보다 아주 좋을 수도 있어요. 실험을 다시 해 봐요. 이번에는 사람을 바라보는 눈과 벽을 바라보는 눈을 바꾸어요. 여러 번 실험을 해 봐야 할 수도 있어요. 이런 효과를 보기 위해 충분한 시간을 가져요. 너무 일찍 포기하지 말아요.

내 눈이 완전히 사라진 것처럼 보일지도 몰라.

그러나, 난 여전히 너를 볼 수 있어!

왜 그럴까?

- 우리의 두 눈에 주변 세상의 모습은 아주 미세하게 다른 그림으로 보여요.
- 두뇌는 두 그림을 분석해요. 그러고 나서 두 그림을 하나의 3차원의 이미지로 결합시켜요.
- 거울은 우리 눈이 두 개의 아주 다른 그림을 보게 해요.
- 한쪽 눈은 여러분의 친구를 똑바로 보고, 다른 한쪽 눈은 하얀 벽과 여러분의 움직이는 손을 봐요.
- 두뇌는 양쪽 눈으로 보이는 그림들의 조각들을 모아서 하나의 그림으로 합치려고 노력해요.
- 두뇌는 변화와 움직임에 아주 민감해요. 여러분의 친구가 아주 가만히 앉아 있기 때문에, 두뇌는 움직이는 손에서 오는 정보를 강조하고 얼굴의 일부가 사라져 보여요.
- 얼굴의 일부가 어떻게 혹은 왜 때때로 그대로 있는지 모르지만, 눈과 입은 가장 마지막으로 사라지는 모습인 것 같아요.

 재미있는 사실

종이 한 장으로 여러분의 손에 상상의 구멍을 만들 수 있어요. 종이를 말아서 원통 모양으로 만들어요. 구멍의 크기는 눈 크기 정도로 해요. 종이로 만든 원통을 오른손으로 쥐고 오른쪽 눈에 대요. 두 눈을 모두 뜨고 있어요. 이게 아주 중요해요. 원통을 통해 바깥을 봐요. 이제 왼손 손바닥을 얼굴 쪽으로 향하게 하고 튜브 쪽으로 움직여요. 손에서 구멍이 보이는 것을 확인해요. 오른쪽 눈은 원통관을 보고 왼쪽 눈은 손을 봐요. 이 두 그림이 겹쳐지면, 손에 구멍이 있다는 메시지가 뇌로 보내져요.

심심풀이 퀴즈
어느 유명한 책에서 체셔(Cheshire) 고양이가 미소만 남기고 사라졌을까요?

루이스 캐롤(Lewis Carroll)이 쓴 이상한 나라의 엘리스(Alice's Adventures in Wonderland)라는 책이에요.

미식가인가요?

분야: 해부학

난이도: 쉬움

전부 다 맛있어!
나 같은 쥐는 뭐든지 먹는다고!

"채소를 다 먹기 전에는 디저트는 없어."라는 말을 몇 번이나 들어 봤나요?
때때로 채소를 먹지 않고 건너뛰는 것과 디저트를 먹는 것 중에서
어떤 것이 더 좋을지 결정해야 해요. 미각은 중요한 감각이랍니다.
여러분의 미각이 얼마나 좋은지 볼까요?

준비물

어두운 색의 식품 착색제, 면봉, 하얀 종이,
종이에 구멍을 내는 펀치(고리가 세 개인 바인더에 사용되는 표준 크기), 거울

실험 방법

1 펀치를 이용해서 종이에 작은 구멍을 만들어요.

2 면봉을 식품 착색제에 담가요.

3 혀끝을 면봉에 묻은 색으로 닦아요.

4 색이 묻은 혀를 종이에 만든 구멍을 통과하게 넣어요.

5 거울을 봐요.

6 종이 구멍에 나타나는 혀의 둥근 돌기의 수를 세어요.

여기에 보이는 돌기를 세어요.

무슨 일이 생길까?

혀에 스물다섯 개 이상의 돌기가 있다면 뛰어난 맛 감별사예요. 스물다섯 개보다 적다면, 평범한 감별사입니다. 어떤 사람들은 매우 민감한 맛봉오리를 가지고 있어서 몇몇 맛있는 음식들에서 역겨운 맛을 느끼기도 해요. 맛봉오리는 돌기 위나 돌기 사이에서 주로 발견돼요. 돌기들은 혀 전체를 덮고 있고 맨눈으로도 보여요.

왜 그럴까?

- 혀에는 네 가지의 기본적인 맛봉오리들이 있어요. 쓴맛, 신맛, 짠맛 그리고 단맛이에요.
- 맛봉오리가 많을수록, 미각은 더 뛰어나요.
- 혀에는 약 1만 개의 맛봉오리들이 있어요. 각각의 맛봉오리는 50-150개의 수용체 세포로 구성되어 있어요.
- 맛봉오리는 1-2주 동안만 살고 새로운 맛봉오리들로 대체되어요.
- 맛봉오리에 있는 각각의 수용체는 네 개의 기본적인 맛들 중 하나에 가장 잘 반응해요. 수용체는 다른 세 가지의 맛에도 반응할 수 있지만, 어느 특정 맛이 가장 강하게 반응해요.
- 입술에도 맛봉오리가 몇 개 있어요. 특히 소금에 민감한 것들이에요. 볼의 안쪽, 혀의 아래, 입천장 그리고 목구멍 뒤쪽에도 있어요.

재미있는 사실

아주 뜨거운 음식을 먹거나 아주 뜨거운 음료를 마시면 혀가 데어요. 이런 일이 생기면 맛봉오리도 타요. 미각을 잃지 않기 위해서 맛봉오리들이 뒤집혀요. 새로운 맛봉오리들이 나오는 동안에 스스로 다시 일어서요.

심심풀이 퀴즈

곤충도 맛봉오리를 가지고 있을까요?

대부분의 곤충들은 우리처럼 입으로 맛을 느껴요. 몸의 일부로 맛을 느끼는 곤충들도 있어요! 나비는 입과 발로 맛을 느껴요. 개미는 입과 더듬이로 맛을 느낄 수 있어요.

스스로 잘 버텨 봐! 여기 펄펄 끓는 뜨거운 커피 한 사발이 들어간다고!

169

83 말랑말랑 뱃살

분야: 생물학

난이도: 쉬움

그러니까 저 젤리 과자는 체리 맛이 아니었어.

신경 쓸 거 없어! 맞힐 때까지 계속하겠어.

특정한 종류의 탄산음료수만 마시나요? 그것이 가장 맛있기 때문이겠죠?
눈에 보이는 것이 맛에도 영향을 주는지 알아보아요.

준비물
친구, 같은 맛으로 짝을 이루는 젤리 과자(예: 체리 맛 두 개, 라임 맛 두 개,
레몬 맛 두 개, 오렌지 맛 두 개), 평범한 종이 냅킨, 컵, 펜

실험 방법

1 젤리 과자를 두 개의 그룹으로 나누어요. 각 그룹은 각각의 맛
중 하나씩 포함해요.

2 작은 냅킨에 1번에서 4번까지 번호를 매겨요.

3 A그룹에서 젤리 과자를 하나씩 골라서 각각의 냅킨으로
옮겨요. 냅킨 하나에 젤리 과자 한 개씩 놓아요.

4 B그룹에서 젤리 과자를 네 개의 컵으로 옮겨요. 젤리
과자들이 친구의
눈에 보이지 않게 해요.

5 컵에 1부터 4까지 번호를 매겨요. B그룹에 있는 젤리 과자의
맛은 A그룹 젤리 과자들과 다른 번호로 표시해야 해요.

6 친구에게 실험하는 맛의 이름을 말해 줘요.

7 친구에게 그룹 A의 냅킨 1번에 있는 젤리 과자를 눈으로 보고, 맛을 보게 한 후에 그 맛의 이름을 적어 보라고 해요. 2번 - 4번 냅킨에 있는 젤리 과자도 똑같이 해요.

8 B그룹에 있는 젤리 과자의 색깔이 보이지 않게 해요. 친구가 눈을 감게 하고 젤리 과자의 맛을 보게 해요. 각각의 젤리 과자가 어떤 맛이 나는지 친구가 말하는 대로 받아 적어요. 여러분은 친구에게 젤리의 맛들이 이전과 똑같다고 말해도 괜찮아요. 친구가 몇 개나 답을 맞추나요?

무슨 일이 생길까?

젤리 과자의 색을 볼 수 없으면 종종 틀린 답을 말해요.

> 저기 마지막 젤리는 분명히 레몬이었어!

> 천만에! 오렌지야!

왜 그럴까?

- 시각과 미각은 서로 관련이 없어요. 하지만, 서로에게 정신적으로 강력한 영향을 줄 수 있어요.
- 친구는 젤리 과자의 색을 볼 수 없어요. 젤리 과자의 향은 강하지 않아요. 맛은 유일하게 남은 감각이에요.
- 맛봉오리 세포는 확실한 모양의 구멍이 있어요. 화학적인 모양이 일치하는 물질이 들어오면, 수용체 세포는 두뇌에 신호를 보내요. 이것은 우리가 먹고 있는 것에 관한 단서를 뇌에게 보내는 거예요.

재미있는 사실

두 개의 서로 다른 맛과 색을 가진 탄산음료를 두 개의 유리컵에 반 정도 채워요. 오렌지, 포도, 체리 등이요. 다른 한 컵에는 탄산수같이 맛이 없고 투명한 탄산음료를 반 정도 채워요. 투명한 탄산음료에 식품 착색제를 더해요. 색깔과 맛이 있는 탄산음료 중 하나의 색깔과 일치해야 해요. 맛이 첨가된 탄산음료처럼 보이게 만드는 거예요. 물론, 실제로는 어떤 맛도 나지 않아요. 친구에게 각각의 음료수가 무슨 맛이 나는지 말하게 해요. 첨가된 맛이 없는 음료수가 같은 색을 가진 음료수의 맛이 난다고 할지도 몰라요.

> 아무 맛도 나지 않아…. 단지 색깔 때문에 마시는 거야!

심심풀이 퀴즈

우리가 먹을 때 시각은 중요한가요?

눈이 보이는 사람들에게는 눈은 어떤 것이 먹을 수 있을 만큼 좋아 보이는지 결정하는 첫 번째 감각이에요. 색깔은 아주 중요해요. 여러분은 파란색 버거를 먹을 수 있겠어요? 식품 회사들은 색을 추가해서 음식이 더 좋아 보이게 만들어요. 맛은 똑같더라도 말이죠. 사람들은 자신들이 기대하는 색의 음식을 보고 싶어해요. 버터는 연한 노란색이지만, 사람들은 버터가 밝은 노란색이어야 한다고 생각해요. 그래서 식품 회사들은 버터에 노란색을 추가해요.

신경이 살아 있어요

분야: 해부학
난이도: 쉬움

아아아아악!
신경을 건드렸어!

여러분은 얼마나 민감한가요?
함께 실험해 봐요.

준비물
색연필, 헤어핀, 두꺼운 종이, 컴퍼스,
가위, 줄, 친구

실험 방법

1 자를 이용해서 종이 위에
정가운데로부터 3, 6, 9cm
간격으로 표시해요.

2 컴퍼스를 이용해서 각
표시에 맞게 원을
그려요. 세 개의 구역이
표시되지요. 안쪽, 바깥쪽,
그리고 가운데.

3 가위로 큰 원의 바깥 부분을 따라서
오려 내요.

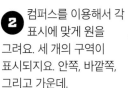

4 세 개의 구역을 각각 다른 색으로 칠해요.

5 친구에게 눈을 감으라고 해요.

6 헤어핀 몇 개를 가운데 구역에 붙여요.
헤어핀의 높이가 서로 같아야 해요.

7 헤어핀을 친구의 팔에 대고 눌러요. 친구에게 헤어핀이 몇 개나 느껴지는지 물어봐요.

☆ **8** 헤어핀을 안쪽, 바깥쪽 구역에 꽂고 반복해요.

9 손바닥, 손가락과 엄지손가락 끝에도 실험해 봐요. 친구의 피부에서 어느 부분이 가장 민감한가요?

무슨 일이 생길까?

팔은 아주 민감하지 않아요. 헤어핀이 바깥 구역에 몇 개인지만 알 수 있어요. 손바닥은 덜 민감해요. 안쪽 구역에 있는 각각의 헤어핀을 느낄 수 있지만, 바깥 구역에 있는 것은 그렇지 못해요. 손가락 끝은 아주 민감해요. 가운데 구역에 있는 각각의 헤어핀을 느낄 수 있어요.

왜 그럴까?

- 우리의 몸은 신경 말단들로 가득 차 있어요. 이것들은 피부와 다른 세포 조직들 안에 있어요.
- 신체 부위 중에는 팔처럼 신경 말단이 많지 않은 곳들이 있어요. 이런 부위들은 헤어핀들의 개별적인 압력을 다 느끼는 것이 어려워요.
- 손가락과 엄지손가락 끝에는 더 많은 신경 말단들이 있어요. 여러분이 더 쉽게 정확한 답을 알아내게 해 줘요. 이것이 신경 말단이 더 많은 부위에서 더 통증을 느끼는 이유예요.

재미있는 사실

대부분의 사람들은 발바닥에 간지러움을 타요. 발에 큰 신경 말단들이 있어서 더 민감하기 때문이에요. 신발 안에 있는 작은 돌이 바위처럼 느껴지는 이유지요.

신발 안에 돌 하나가 느껴지는데 바위 같아. 돌 하나가 밟히는데!

심심풀이 퀴즈

진통제는 통증을 멈출 수 있어요. 진통제는 어떻게 통증의 위치를 알 수 있을까요?

통증을 멈추기 위해 약을 먹으면 약이 통증 부위로 직진하지 않아요. 단지 그렇게 보일 뿐이에요. 통증은 아픔을 느끼는 정확한 지점에서 떨어져 있거든요. 사실은 진통제는 세포, 신경 말단, 신경계 그리고 뇌와 작용해서 우리가 통증을 느끼는 것을 멈추게 해요. 어떤 신경 말단들은 통증을 감지할 수 있어요. 우리 몸에 있는 세포들은 다치면 화학 물질을 내보내요. 통증을 감지하는 특별한 신경 말단들은 이런 화학 물질에 아주 민감해요. 화학 물질이 나오면 신경 말단들이 반응해요. 신경 말단들은 신경계를 통해 고통과 부상 메시지를 뇌에 전달해요. 뇌에게 통증에 대해 말해 주는 거예요. 통증이 어디에 있고 얼마나 아픈지 같은 것들이지요. 그러면 뇌는 반응해요. 아야!

85 유령 물고기

분야: 해부학

난이도: 쉬움

나는 네가 지난주에 먹은 물고기 귀신이다!

금붕어가 죽고 나서 쓰레기통에 버린 걸 알아.

나는 감자칩하고 함께 먹은 으깬 놈이야!

분명히 여기 뭔가 비린내나는 것이 있어…. 저녁에 먹은 으깬 생선인 것 같아!

눈의 망막에 있는 수용체 세포가
빛에 의해 자극을 받을 때
색을 보게 돼요.
눈이 피곤해지면 무슨 일이 생길까요?

준비물

하얀 종이, 색종이(밝은 빨강색, 녹색, 파란색),
검은색 마커 펜, 가위, 풀

실험 방법

1 각각의 색종이 위에 간단한 물고기 모양을 그려요.
모양대로 잘라 내요.

2 잘라 낸 물고기 모양을 하얀 종이 위에 붙여요.
하얀 종이 한 장은 빈 상태로 두어요.

빈 종이

3 각각의 물고기에 마커 펜으로 검은 점을
그려요. 마지막 하얀 종이에는 그릇 모양을
그려요. 여러분의 물고기를 위한 거예요.

174

4 종이들을 아주 밝은 곳에 놓아요. 그렇지 않으면 효과가 없어요. 빨간색 물고기의 눈을 15-20초 동안 집중해서 쳐다봐요. 그러고 나서 그릇 그림의 테두리 선을 재빨리 쳐다봐요. 무엇이 보이나요?

5 이제 녹색 물고기의 눈을 15-20초 동안 집중해서 쳐다봐요. ☆ 그러고 나서 그릇 그림의 테두리 선을 재빨리 쳐다봐요. 무엇이 보이나요?

6 마지막으로, 파란색 물고기도 똑같이 해요. 무엇이 보이나요?

무슨 일이 생길까?

유령 물고기가 나타나요! 빨간색 물고기가 지금 그릇에 있어요. 그런데, 그 색이 청록색으로 변했어요. 녹색 물고기가 지금 그릇에 있어요. 하지만, 빨간색이 섞인 파란색이에요. 파란색 물고기가 그릇에 있는데 노란색으로 변했어요.

왜 그럴까?

- 여러분의 눈에 보이는 유령 물고기는 잔상이에요.
- 잔상은 우리가 물체를 보는 것을 멈춘 후에도 우리 곁에 머물러 있는 그림이에요.
- 눈의 뒤에는 빛을 감지하는 세포인 간상세포와 원뿔세포들이 줄지어 있어요.
- 원뿔세포들은 색이 있는 빛에 민감해요. 세 가지 원뿔세포의 각각은 다양한 색에 민감해요.
- 빨강 물고기를 응시할 때, 그림이 망막의 어느 한 부분에 오게 돼요.
- 그 부분에 있는 빨간색에 민감한 세포들이 점점 피곤해져요. 결국 빨간색 빛에 강하게 반응하지 않아요.
- 흰색 카드는 우리 눈에 빨강, 파랑, 초록 빛을 반사해요. 백색광은 이 모든 색깔로 이루어져 있기 때문이에요.
- 갑자기 시선을 비어 있는 흰 종이로 돌리면, 피곤해진 빨간색에 민감한 세포들이 반사된 빨강 빛에 반응하지 않아요. 하지만, 파란색에 민감한 세포들과 녹색에 민감한 세포들은 반사된 파란색과 녹색에 강하게 반응해요.
- 그래서, 빨간색에 민감한 세포들이 반응하지 않는 곳에서 푸르스름한 녹색 물고기가 보이는 거지요.
- 녹색 물고기를 응시하면, 녹색에 민감한 원뿔세포들이 피곤해져요.
- 하얀 종이를 바라보면, 우리 눈은 반사되는 빨강 빛과 파랑 빛에만 반응해요. 빨간색이 섞인 파란색의 물고기가 보이지요.
- 파란색 물고기를 응시하면, 파란색에 민감한 원뿔세포들이 피곤해지고, 눈은 반사되는 빨강 빛과 녹색 빛에만 반응해요. 그래서 노란색 물고기가 보여요.

86 블라인드 테스트

분야: 생물학

난이도: 쉬움

> 누가 저 벽을 저기에 놓은 거야? 오… 블라인드 테스트의 일부군!

쾅!

눈이 보이지 않는다면,
얼마나 빨리 갈 길을 알아낼 수
있을까요? 다른 것들보다
더 쉽게 할 수 있는 것들이 있을까요?
여기 여러분을 도와줄 테스트가 있어요.

준비물
종이, 줄이 그어져 있는 종이, 연필

실험 방법

1 종이 한 장을 테이블 위에 올려놓아요. 종이 위에 1.5cm
정도 되는 원을 그려요.

2 연필을 머리 위로 높이 들어요. 눈을 감아요.
팔을 내리고 원의 중심에 가능한 한
가까운 위치에 점을 찍어요. 원의 중심에
얼마나 가까이에 갔나요? 다시 해 봐요.
원 안에 점을 찍을 때까지 몇 번 걸렸나요?
이제 눈을 뜨고 다시 해 봐요.

3 줄이 그어져 있는 종이 위에 이름을 써요.

4 이름이 적힌 동일한 선에서 이름 뒤에 연필을 위치시켜요. 눈을 감고 다시 이름을 써요. 다른 단어들을 적어 보아요. 눈을 감고 쓴 것과 눈을 뜨고 쓴 것들 사이에 차이점을 발견할 수 있나요?

무슨 일이 생길까?

처음에는 원 바깥에 점을 찍을 거예요. 원 안에 점을 찍으려면 여러 번 시도해야 해요. 이름을 쓴 것을 보면 차이가 거의 없어요.

왜 그럴까?

- 대부분의 사람들은 실험 중간에 원을 보면 자신들이 더 잘하게 만든다는 것을 알아요.
- 시력은 정확성을 위해 아주 중요해요.
- 하지만, 시력은 적혀 있는 단어를 따라 쓰기 위해 꼭 필요하지는 않아요. 우리는 글자를 쓰는 '느낌'에 익숙해져 있어요. 손과 손가락에 있는 신경 때문이에요.

재미있는 사실

눈먼 카멜레온도 색을 변화시켜요. 이것은 카멜레온이 배경색에 일치시키기 위해 색을 변화시키기 때문이 아니에요. 대신에, 카멜레온의 색깔 변화는 빛의 강도, 온도, 또는 그들이 느끼는 감정에 대한 반응이에요.

얘야! 저 카멜레온은 행복해 보이네! 분명히 무슨 생각을 하고 있는 것 같지?

심심풀이 퀴즈

눈이 보이지 않는 사람들은 어떻게 글을 읽을까요?

눈이 보이지 않는 사람들은 점자를 사용해요. 점자는 돌출된 점들의 무늬예요. 여섯 개의 점 위치가 직사각형 칸 안에 놓여 있어요. 각 칸은 나란히 두 줄로 만들어지며, 각각 세 개의 점을 가지고 있어요. 글자, 숫자, 소리, 그리고 일반적인 단어들은 각 칸에 있는 점들의 패턴에 의해 표현돼요.

뜨거운 것?
그렇지 않은 것?

분야: 생물학

난이도: 쉬움

불에 지진 쥐의 발을 본 적이 있어? 가만히 있어 봐! 내 거는 거의 다 됐어!

여러분이 만지는 물건들의
온도를 항상 알 수 있나요?
아마도 그렇지 않겠죠?

준비물

온도계, 쉽게 만질 수 있는 여러 가지 물건들
(예: 스티로폼, 금속 쟁반, 케이크 굽는 팬,
플라스틱 쟁반, 타일, 벽돌, 판지 조각, 유리, 가죽)

실험 방법

1 준비한 물건들의 한쪽 면은 평평하고 손바닥보다 커야 해요.

2 시작하기 전에 물건들의 온도가 실내 온도에 다다를 수 있게 두어요.

3 손바닥을 펴서 각 물건들의 표면에 대요.

4 물건들이 얼마나 차가운지 비교해요.

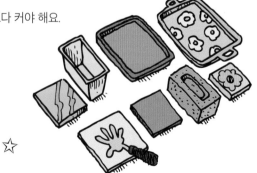

5 재료들을 차가운 것에서 따뜻한 것 순서로 배열해요.

6 온도계를 각각의 표면 위에 올려놓아요. 무엇을 알 수 있나요?

무슨 일이 생길까?

재료들의 온도는 모두 같아요! 우리 손이 항상 온도를 잘 측정하는 것은 아니에요. 우리가 다양한 물건들을 만질 때 어떤 것들은 다른 것들보다 더 따뜻하게 느껴지기도 하고 더 차갑게 느껴지기도 해요. 온도가 똑같을 때도 말이지요.

왜 그럴까?

- 피부에 있는 신경 말단들은 온도에 민감해요.
- 신경 말단들은 몸의 내부 온도와 피부 외부 온도의 차이를 구별할 수 있어요.
- 피부가 차가우면 이런 신경들이 우리가 만지고 있는 물건이 차갑다고 말해 줘요.
- 차갑게 느껴지는 물건은 우리 손보다 더 차가워야 해요. 그 물건이 우리의 체온을 빼앗아 가고 피부가 시원해져요.
- 스티로폼과 금속은 이 실험에 적합한 재료들이에요. 둘 다 실온에서 시작하고 둘 다 우리 손보다 차가워요.
- 그런데 두 재료가 똑같이 차갑지는 않아요. 서로 다른 속도로 우리 손의 열을 가져가기 때문이에요.
- 스티로폼은 단열재예요. 스티로폼은 좋은 열 전도체가 아니라는 뜻이죠. 손으로 스티로폼을 만지면 열이 손에서 스티로폼으로 흐르고 그 표면은 따뜻해져요. 열이 빠르게 전달되지 않기 때문에 스티로폼의 표면은 손처럼 따뜻해져요. 몸의 내부와 피부 외부 사이의 온도 차가 없어요. 우리의 신경들이 온도 차를 감지하지 못해요.
- 금속은 열을 빠르게 가져가요. 금속은 좋은 열 전도체예요. 열이 손에서 금속으로 흐르고 금속 덩어리 안으로 빠르게 전달돼요.
- 금속이 차갑게 느껴지는 이유지요.

재미있는 사실

우리 피부의 온도는 37℃를 유지해요. 우리가 뜨겁거나 차가운 것을 느끼지 못하면 우리는 온도를 알지 못해요. 딱 맞는 온도를 유지하는 것은 온도 변화를 감지할 수 있는 피부에 달려 있어요. 우리가 차가운 물에서 수영할 수도 있고 뜨거운 물에서 목욕도 할 수 있는 이유예요.

목욕물이 너무 뜨거워! 물에서 나갈래!

나도! 몸이 뒤틀어지고 있어!

심심풀이 퀴즈

동물들이 겨울잠을 잘 때 체온이 얼마나 떨어질까요?

겨울잠 중인 동물들의 체온은 아주 낮아져요. 방해를 받으면 몸을 충격에 빠뜨리기 때문에 죽을 수도 있어요.

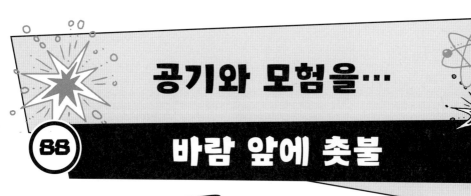

공기와 모험을…

88 바람 앞에 촛불

생일 축하합니다….
생일 축하합니다….
또 다른 실험일
뿐이라는 게 아쉽군!

하지만,
케이크를 그냥
버릴 수는없지!

양초 실험과 새와 비행기 날개 모양 사이에는
무슨 연관이 있을까요? 알아봅시다.

준비물

양초, 키 작은 촛대, 양초와 같은 높이인 원통 모양의 용기
(예: 금속 혹은 도자기로 만든 소금통), 어른의 지도

실험 방법

1 촛불에 불을 붙여요. 부모님(선생님)이 도와주세요.
촛불을 키 작은 촛대에 꽂고 테이블 위에 올려놓아요.

2 원통 모양의 용기를 촛불 앞에서 8cm 떨어진 곳에 세워요.

3 불이 붙은 촛불의 반대편에 가서 서요. 원통에 바람을 불어요. 촛불과 입의 높이가 같게 해야 해요. 촛불을 끌 수 있다고 생각하나요? 그렇지 않을 걸요! 원통이 막고 있으니까요. 그렇지요?

무슨 일이 생길까?
촛불이 꺼져요!

왜 그럴까?
- 공기가 원통의 구부러진 모양을 따라 흘러가요.
- 공기의 흐름이 반대편에서 만나면 공기가 합쳐져서 촛불을 꺼요.

심심풀이 퀴즈
왜 비행기의 날개와 새의 날개는 곡선일까요?

비행기 날개와 새의 날개는 특별한 모양으로 되어 있어요. 비행기에서 이 모양을 에어로포일이라고 불러요. 비행기가 앞으로 움직이면서 공기가 날개의 위아래로 강하게 흘러요. 날개가 곡선을 그리고 있어서 위쪽 가장자리의 표면이 아래쪽보다 더 넓어요. 날개의 상부와 하부 표면 둘 다 공기의 방향을 바꿔요. 상부 표면은 공기를 아래쪽으로 흐르게 해요. 공기의 흐름이 날개 표면에 '붙어서' 날개의 각도를 따라서 가기 때문이에요. 날개 상단과 하단의 압력 차이는 날개에 위로 향하는 힘을 발생시켜요.

상냥한 사과

분야: 물리학

난이도: 쉬움

아주 착한 사과 두 개가 있었어…

하루에 사과 한 개를 먹으면 의사를 멀리할 수 있다고 해요. 하지만, 사과는 다른 사과를 멀리할까요?

준비물

사과, 끈

실험 방법

1 끈을 약 1m 길이로 두 개 준비해요.

2 각각의 사과 꼭지에 끈을 묶어요.

3 빨랫줄 혹은 커튼봉에 사과를 끈으로 매요.

182

4 사과를 서로 5cm 정도 떨어뜨려 놓아요. 두 사과 사이에 바람을 불면 무슨 일이 생길 것 같나요? 공기의 흐름 때문에 밀려서 서로 더 멀어질까요? 물론 여러분은 그렇게 생각하겠죠?

5 사과와 사과 사이에 바람을 아주 세게 불어요.

무슨 일이 생길까?

사과가 모여요!

왜 그럴까?

- 공기의 속도가 빨라질수록, 공기의 압력은 줄어들어요.
- 바람을 불면, 사과 사이의 공기가 움직여요. 사과 사이의 공기압은 사과의 반대편인 공기가 가만히 있는 곳보다 작다는 것을 뜻해요.
- 사과 쪽에 있는 공기는 사과를 압력이 작은 쪽으로 밀어요. 사과가 서로 모여요.

재미있는 사실

입구가 작은 병을 테이블 위에 놓아요. 종이 뭉치를 말아서 완두콩 크기 정도 되는 공으로 만들어요. 종이 공을 병의 입구 안으로 넣어요. 바람을 강하고 빠르게 불어요. 종이공이 병 안으로 날아 들어가는 것 대신에 여러분을 향해서 날아 나올 거예요. 빠르게 움직이는 공기가 종이공을 지나가고 병의 바닥을 때려요. 병 안에 공기압을 증가시켜요. 압축된 공기가 밖으로 밀려 나오면서 종이공도 함께 이동해요.

심심풀이 퀴즈

빨대가 어떻게 살충제처럼 작동할 수 있을까요?

유리컵에 물을 반 정도 채워요. 플라스틱 빨대를 유리컵 안에 수직으로 세워요. 빨대 안으로 물이 들어오는데 컵 안의 물 높이만큼 올라와요. 두 번째 빨대를 첫 번째 빨대의 윗부분에 가까이 대요. 두 번째 빨대의 끝을 첫 번째 빨대의 꼭대기 끝에 직각으로 대요. 빨대를 입에 물고 바람을 불어요. 물 높이가 올라오는지 잘 봐요. 빨대를 통해 빠르게 흘러나오는 공기의 흐름은 공기의 압력을 낮춘다고 합니다. 그러니 바람을 아주 세게 불어요. 물이 빨대를 타고 올라와서 뿜어져 나와요. 여러분은 방금 물을 미세한 물방울로 원자화했어요. 세정용 스프레이, 살충제 스프레이, 향수 분무기도 같은 방식으로 작동해요.

분야: 물리학

난이도: 쉬움

보이지 않는
공기의 흐름 위에서
공이 떠 있을 수 있을까요?

준비물
헤어드라이어, 탁구공/둥근 풍선/
스티로폼 공, 화장지

큰 경기를 앞두고 털
관리를 잘 해야 해.

눈썹도
마찬가지야!

실험 방법

1 헤어드라이어를 켜요.

2 위쪽 방향으로 똑바로 바람을 불게 해요.

3 공기의 흐름 위에서 조심스럽게
탁구공의 균형을 잡아요.

4 공을 천천히 공기 흐름 밖으로 꺼내요. 무엇이
보이나요? 공을 반 정도 공기 흐름에서 꺼내면
공이 다시 빨려 들어가는
것을 느낄 수 있어요.

5 공을 놔요. 공은 앞뒤로
흔들리다가 공기 흐름의
중앙 근처에 자리잡아요.

6 공을 공기의 흐름에서 약간 비껴 있게 해요. 화장지 조각을 다른 한 손에 들고 공 위의 공기의 흐름을 찾아요. 공이 어떻게 공기의 흐름을 바깥쪽으로 돌리는지 봐요.

☆

7 공기의 흐름을 한쪽으로 기울이고 공이 어떻게 계속 매달려 있는지 봐요.

8 공기의 흐름 안에서 공의 균형을 잡아요.

9 헤어드라이어와 공을 방의 구석으로 이동시켜요. 매달려 있는 공이 얼마나 더 높이 위로 움직이는지 관찰해요.

무슨 일이 생길까?

탁구공이 공기 중에서 자유롭게 떠다녀요. 공을 공기의 흐름 밖으로 당겨서 꺼내려 하면, 공을 뒤로 당기는 힘을 느낄 수 있어요. 공이 공기 흐름의 방향을 돌리는 것을 느낄 수 있어요.

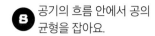

왜 그럴까?

- 공이 공기 흐름 안에 매달려 있을 때 올라오는 공기가 공의 바닥을 때려요.
- 공기는 느려지고 기압이 높은 영역을 만들어요.
- 공 아래에 있는 기압이 높은 영역이 중력에 대항하여 공기를 위로 떠받쳐요.
- 여러분이 공을 공기의 흐름 밖으로 조금만 잡아당기면, 공기는 공기 흐름의 중심에 가장 가까이 있는 공의 곡면 둘레로 흘러요.
- 공기가 공의 윗부분 둘레로 아치형으로 밀려 들어가요. 그러고 나서 공 위로 흘러 나가요.
- 이렇게 바깥으로 흐르는 공기는 공이 안쪽으로 향하게 하는 힘이 생기게 해요.

☆

☆

재미있는 사실

헬리콥터 아래에서 공기의 하강 흐름은 날개에 상승력을 가해요. 날개들은 공기의 방향을 아래쪽으로 꺾음으로써 상승력을 만들어 내요.

헬리콥터 날개가 계속 돌고 있는 한 날개에 생기는 상승력에 대해서는 신경 안 써….

심심풀이 퀴즈

아치 모양의 표면 위로 흐르는 공기는 왜 그 표면에 더 적은 압력을 가할까요?

롤러코스터를 타고 빠른 속도로 언덕 꼭대기를 넘어가는 사람이 있다고 생각해 봐요. 탑승자가 좌석에 가하는 힘은 탑승자가 언덕의 꼭대기로 올라가면서 작아져요. 마찬가지로, 공의 옆면 둘레를 원형으로 흘러가는 공기는 공에 더 작은 힘을 가해요.

스모그 경보

분야: 대기과학

난이도: 어려움 + 부모님 도와주세요

쥐가 만든 스모그도 사람이 만든 것만큼 안 좋다는 걸 보여 주는군…. 실험실이 어느 쪽이지?

스모그는 공기 중에 있는 미세한 물방울과 공해로 만들어진 이산화탄소 연기가 섞인 천연 안개 혼합물이에요. 함께 만들어 봐요!

준비물

유리병, 물, 알루미늄 포일, 각 얼음, 종이, 자, 가위, 성냥, 어른의 지도

실험 방법

1 종이를 띠(25cm×1.25cm) 모양으로 잘라요.

2 종이띠를 길게 반으로 접어서 비틀어요.

3 알루미늄 포일을 유리병의 열린 끝부분에 맞게 모양을 만들어서 유리병을 위한 '뚜껑'을 만들어요. 포일을 벗겨서 옆에 둬요.

4 유리병에 물을 약간 채워요. 안쪽 벽이 젖도록 유리병을 빙빙 돌려요.

5 물을 버려요.

6 포일 뚜껑을 차갑게 하기 위해 각 얼음 두 개를 포일 뚜껑 위에 놓아요.

7 종이띠에 불을 붙여요. 불이 붙은 종이띠와 성냥을 축축하게 젖은 유리병 안으로 떨어뜨려요. 부모님(선생님)이 도와주세요.

8 포일 뚜껑을 재빠르게 유리병에 덮고 단단히 밀봉해요. 각 얼음을 가운데 포일 위에 계속 올려놓아요. 유리병 안에 무엇이 보이나요?

무슨 일이 생길까?

스모그가 만들어졌어요.

왜 그럴까?

- 유리병에 불이 붙은 종이를 넣으면 유리병 안에 있는 습기가 수증기로 증발해요.
- 얼음은 적은 양의 수증기를 응축시켜요. 유리병 안에서 물방울로 변하고, 옅은 안개로 나타나요.
- 따뜻하고 축축한 공기가 차가운 공기를 만나요. 차가운 공기는 따뜻한 공기에 있는 습기를 응축시켜서 공기에 갇힌 작은 물방울로 만들어요. 바람이 없으면, 안개가 형성돼요.

재미있는 사실

로스엔젤레스는 스모그가 심해요. 산소 가게(oxygen bar)에서는 순수한 산소를 살 수 있어요. 20달러면 20분 정도 마실 수 있는 그냥 산소나 과일 향이 나는 산소를 살 수 있어요.

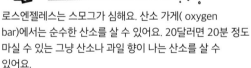

심심풀이 퀴즈

스모그는 해로운가요?

스모그는 사람, 동물, 식물에게 해로워요. 스모그의 가장 해로운 부분은 지상의 오존과 미세한 공기 중의 입자들이에요. 1952년에 런던을 5일 동안 뒤덮였던 안개는 4000명을 죽게 했어요. 도로, 철도 및 항공 운송이 멈추었어요. 새들러 웰즈(Sadler's Wells) 극장의 공연도 멈추었어요. 내부의 안개 때문에 공연을 볼 수 없었기 때문이었죠.

빛을 느껴 봐

어디로 숨은 거야?

분야: 광학
난이도: 쉬움

이봐! 아주 멋진 의상이야!
보라고! 하나도 비치지 않아!

반사된 모습이 여기에 잠깐 있다가 다음에는 사라질 수 있을까요?

준비물
키친 포일, 가위

실험 방법

1 가위로 키친 포일을 25cm 길이로 잘라요.
포일은 주름이 없이 매끈해야 해요.

2 반짝반짝 빛나는 면에 비치는 여러분의
모습을 봐요. 완벽하지는 않지요? 그래도
자신의 모습이 꽤 분명하게 보일 거예요.

3 포일을 뭉쳐서 대충 공 모양으로 만들어요. 너무 꽉 누르지는 마요. 다시 펼쳐야 하거든요.

4 포일 공을 펼쳐요.

5 반사되는 모습을 잘 쳐다봐요. 무엇이 보이나요?

무슨 일이 생길까?

여러분의 모습이 사라졌어요!

아아아아… 내가 사라졌어!

왜 그럴까?

- 광선은 표면에서 일직선으로 반사돼요.
- 표면이 매끈하면 그 광선은 여러분에게 바로 반사돼요.
- 매끄러운 포일 표면을 완전히 우그러뜨리면 반사된 빛이 사방으로 튀어나와요.
- 이러한 반사광은 다른 각도로 튀어 나가기 때문에, 반사된 모습은 이전과 같은 형태로 만들어지지 않아요.

재미있는 사실

무지개는 빛의 띠로 쪼개져요. 빗방울에 비치는 태양 광선의 반사 및 굴절이 무지개를 만들어요. 반사란 단순히 빗방울 표면에서 나오는 빛의 파동이 되돌아오는 거예요. 하얗게 보이는 빛은 빨강, 주황, 노랑, 초록, 파랑, 보라색 빛이 섞여서 만들어져요.

황금이 담긴 항아리를 찾으러 다니는 사람들이 무지개의 끝을 찾기도 전에 안타깝지만 비가 그치고 무지개도 사라졌다.

심심풀이 퀴즈

반짝거리는 커다란 숟가락은 어떻게 위아래가 뒤집히게 반사될까요?

숟가락에 여러분의 모습이 비치게 숟가락을 들어요. 위아래가 뒤집히게 비칠 거예요. 빛이 구부러진 면에 반사될 때 광선은 다른 각도로 튕겨 나와요. 반사되는 광선의 각도 때문에 반사된 모습은 위아래가 뒤집혀요.

93 해가 뜨고 다시 해가 지고

분야: 광학

난이도: 쉬움

해가 높이 떠 있을 때 빛은 하얗지. 오후에는 주황색이야.

밤에는 전등이 없으면 검은색이야!

왜 하늘은 해가 뜨고 질 때 색이 바뀔까요?

준비물
투명한 유리컵, 물, 우유, 계량 컵, 티스푼, 손전등

실험 방법

1 유리컵에 물을 반쯤 채워요.

2 손전등으로 유리컵 위에서 아래로 빛을 비춰요.

3 우유 1/2컵을 유리컵에 붓고 잘 섞어요.

4 유리컵을 어두운 방으로 가져가요. 손전등으로 옆면을 비춰요. 무엇이 보이나요?

무슨 일이 생길까?

빛을 물 위에서 직접 비출 때에는 빛이 하얀색으로 보여요. 해가 하늘 높이 떠 있을 때와 같아요. 빛을 우유에 비추면 노란색, 오렌지색 혹은 빨간색으로 보여요.

왜 그럴까?

- 지구는 보이지 않는 기체들로 싸여 있어요. 이것을 대기(atmosphere)라고 불러요.
- 대기에는 너무 작아서 보이지 않는 수십억 개의 입자들로 채워져 있어요.
- 햇빛이 이런 입자들과 부딪히면 빛이 반사되어 흩어져요.
- 해가 아침과 저녁에 하늘에 낮게 떠 있을 때 광선은 하루 중 다른 때보다 더 두꺼운 대기의 층을 통과해야 해요.
- 주황색과 빨간색 빛이 가장 적게 흩어져요. 그래서 우리는 해가 뜨고 지는 동안 이 색깔들을 볼 수 있어요.
- 유리컵에 담긴 우유 입자는 대기와 같아요. 입자들이 손전등에서 나오는 빛에 있는 몇 가지 색들을 흩어지게 만들어요.

재미있는 사실

대기가 없다면 하늘은 까맣게 보일 거예요. 달 위에서 찍은 아폴로 사진의 하늘처럼이요.

이봐…
무엇 때문에 꾸물거리는 거야?
집에 가야 한다고!

파란 하늘이 나오면 사진을 찍으려고 기다리고 있어.

심심풀이 퀴즈

화성의 하늘은 왜 지구의 하늘처럼 파랗지 않을까요?

화성의 하늘은 붉은색이에요. 공기에 먼지가 많기 때문이에요. 먼지 입자들은 빛의 띠의 파란색 끝에서 햇빛을 흡수하는 광물을 가지고 있어요. 빨간색 파장이 뒤에 남아서 하늘을 물들여요. 대기 먼지는 화성도 붉은색을 띠게 해요.

94

CD냐 CD가 아니냐 그것이 문제로다

둠칫 두둠칫… 쥐가 시계 위로 뛰어오르고 있어!

분야: 광학

난이도: 쉬움

콤팩트 디스크(compact disc)는 음악, 데이터 혹은 소프트웨어를 담고 있어요.
그런데, 디스크 위에 빛도 보이나요?

준비물

CD, 화창한 날씨 또는 밝은 손전등과 어두운 방, 하얀 종이

실험 방법

1 CD를 케이스에서 꺼내요. 인쇄된 것이 없는 면을
봐요. 무엇이 보이나요?

2 반짝거리는 색깔의 띠가 보일 거예요. CD를
앞뒤로 기울여요. 색이 바뀌고 변해요.

3 CD를 햇빛이 잘 받게 들어요. 혹은, 실내등을 끄고 CD 위에 손전등을 비춰요.

4 하얀 종이를 들고 CD에서 반사되는 빛이 종이 위로 비추게 해요.

5 무엇이 보이나요?
☆

무슨 일이 생길까?

종이 위에 무지개 색이 보여요. CD를 기울이면 반사되는 빛을 어떻게 변화시키는지 봐요. CD에서 종이까지의 거리를 변화시켜요. 색깔에 무슨 일이 생기나요?

왜 그럴까?

- CD는 플라스틱으로 코팅된 알루미늄으로 만들어져요. CD 위에 보이는 색들은 알루미늄에서 반사되는 백색광에 의해 만들어져요.
- CD는 백색광을 여러 가지 색으로 분리해요.
- CD에서 반사되는 색은 간섭색이에요.
- 광파(light wave)가 CD에서 반사할 때, 광파들이 서로 겹치고 간섭해요.
- 때때로 광파들은 함께 더해지며 몇몇 색깔을 더 밝게 만들어요. 또한 서로를 상쇄시키고 색을 빼앗을 수도 있어요.

재미있는 사실

밤에 멀리 떨어져 있는 밝은 빛을 보면 빛 주위에 별 모양의 광채가 보여요. 자세히 보면 무늬에 색이 보일 거예요. 이러한 무늬들은 빛이 속눈썹과 눈의 렌즈에 있는 작은 입자 주변에서 구부러지면서 만들어져요. 빛의 광채를 보면서 머리를 한쪽으로 기울여요. 무늬가 어떻게 움직이는지 봐요.

> 캄캄한 곳에서 네 시간이나 머리를 기울인 채로 멀리 떨어져 있는 빛을 보는 게 무슨 의미가 있지?

> 과학의 이름으로 했어!

심심풀이 퀴즈

어떤 색의 빛이 색이 아닐까요?

흰색은 색이 아니에요. 백색광을 만들기 위해서는 빛의 세 가지 색이 있어야 해요. 이것을 원색이라고 불러요. 원색의 집합은 다양해요. 가장 일반적인 원색들은 빨강, 초록, 파랑이에요. 빨강, 초록, 파랑 빛이 적절한 강도로 섞이면 백색광이 만들어져요.

95 거울아 거울아

분야: 광학

난이도: 쉬움

아… 멋지군! 빛이 있고 거울도 있고…. 이제 이번 실험을 위해 손전등만 있으면 되겠어.

오… 고마워!

거울을 보면 반사된 모습이 보여요. 거울은 어떻게 빛을 반사시킬까요?

준비물

빛, 손전등, 두꺼운 종이, 검은색 종이, 손거울, 마스킹 테이프

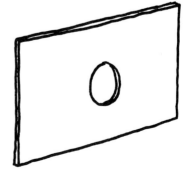

실험 방법

1 두꺼운 종이에 지름 2.5cm 정도로 구멍을 내요.

2 구멍을 가로질러서 빗을 붙여요.

3 테이블 위에 검정 종이를 놓아요. 아니면 어두운 색의 표면을 활용해요.

194

4 어두운 방으로 들어가요. 손전등을 앞에 구멍이 난 종이에 놓아요. 손전등으로 비추면 빗살 사이로 가느다란 빛이 새어 나와요.

5 거울이 빛을 반사하도록 거울을 광선이 나오는 길 위에 들고 있어요.

6 거울을 다른 각도로 움직여요. 광선에 무슨 일이 생기나요?

무슨 일이 생길까?

거울이 빛을 반사시켜요.

왜 그럴까?

- 빛은 거울에 부딪히는 각도와 정확하게 같은 각도로 거울에서 꺾이면서 반사돼요.
- 거울의 각도를 바꾸면 반사되는 광선의 각도도 변해요.
- 광선이 어떤 표면이나 사물에 부딪히면, 다시 튕겨 나가요. 이것을 반사라고 불러요.
- 납작하고 빛나는 표면에서 반사가 가장 잘 돼요. 대부분의 거울이 광택이 나는 평평한 유리면에 빛나는 은색 코팅이 되어 있는 것도 이 때문이에요.

재미있는 사실

거울 암호를 사용하여 친구에게 비밀 메시지를 쓸 수 있어요. 종이 한 장을 거울 앞에 놓아요. 거울 안을 보면서 종이에 메시지를 조심스럽게 적어요. 종이를 보면, 메시지가 거울 암호로 뒤에서 앞으로 되어 있는 게 보여요. 친구들은 메시지를 거울에 비추어 보면 암호를 해독할 수 있을 거예요.

심심풀이 퀴즈

거울에 왼손을 흔들면 거울에 비친 모습은 어느 손을 쓰고 있나요?

오른손이에요. 거울은 왼쪽이 오른쪽인 것처럼 보이게 그림을 뒤집어요.

좋아! 너는 아주 예뻐! 제발! 난 지금 거울이 필요해! 해독해야 할 아주 중요한 메시지가 있어!

96 구부러진 빛

분야: 광학

난이도: 쉬움

구부러진 빛에 관한 실험이야!
이런 식으로 구부러진 빛은 아닐 텐데!

빛은 어떤 가장자리
주변을 지나거나
빈틈을 통과할 때
휘어질 수 있을까요?
알아봅시다

준비물
면 손수건, 전등

생쥐 박사의 힌트
깨끗한 손수건을 사용해요.

실험 방법

1 전등에서 전등갓을 떼어 내요. 전등갓을 한쪽에 둬요.

2 불이 켜진 전구에서 약 2m
떨어진 곳에 갓을 세워요.

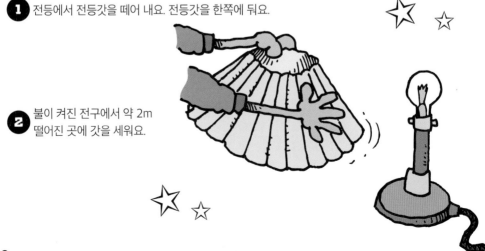

3 팽팽하게 펴진 천을 통해 빛을 바라봐요. 무엇이 보이나요?

무슨 일이 생길까?
노란색과 주황색의 희미한 띠를 가진 한 줄기 빛이 불빛 주위로 나타나요.

왜 그럴까?
- 빛이 구부러지거나 방향을 바꾸면 별 모양의 광채가 생겨요.
- 이런 구부러짐을 회절(diffraction)이라고 불러요.
- 불빛 사이의 희미한 띠는 빛과 결합된 파장이 있음을 보여 줘요.
- 손수건에 실이 짜여 있는 사이의 공간들이 빛을 분리해요.
- 광파는 퍼지고 겹쳐져요. 광파는 눈에 보이는 회절 패턴을 만들기 위해 복잡한 방식으로 함께 모여요. 그러면 빛이 터지는 것이 보여요.
- 한 광파의 낮게 내려간 부분이 다른 광파의 꼭대기와 겹치는 곳에서 광파들을 서로를 상쇄해요. 그러면 어두운 띠가 보이지요.
- 손수건의 짜임에 있는 구멍들은 아주 넓어요. 여러분은 여전히 별개의 색들을 볼 수 있어요. 하지만 작은 구멍을 통해서 보이는 것만큼 많지는 않을 거예요.
- 다른 무늬를 만들기 위해 깃털이나 머리카락으로 다시 해 봐요.

재미있는 사실

유리컵 바닥에 동전을 떨어뜨려요. 동전이 보이지 않게 왼손을 컵의 옆면에 대요. 물을 컵에 부어요. 동전이 물 위에 떠 있는 것처럼 보여요. 손을 떼요. 동전이 떠서 바닥에 누워 있는 것처럼 보여요. 여러분은 동전에서 나오는 광선을 보고 있어요. 물과 유리는 광선을 휘게 해요. 그래서 한 번에 두 장소에 있는 동전을 보는 것 같다는 생각이 들 수도 있어요.

두 배나 많은 동전들이 있는 것처럼 보이면 돈도 두 배만큼 있다는 거야?

심심풀이 퀴즈
왜 손수건은 다른 색깔의 띠를 가지고 있을까요?

빛이 휘는 각도는 빛의 파장에 비례해요. 빨간색 빛의 파장은 파란색 빛보다 길고, 파란색 빛보다 더 많이 휘어요. 휘는 양이 다르면 색의 띠 끝에 다른 색이 나와요. 안쪽에는 파란색이 나오고 바깥쪽에는 빨간색이에요.

북극곰의 털

분야: 광학

난이도: 쉬움

> 북극곰의 털은 무슨 색이지? 미처 볼 시간이 없었어!

북극곰의 피부는 무슨 색일까요?

준비물

손전등, 투명한 유리컵, 빈 알루미늄 캔, 온도계, 하얀 종이, 검은 종이, 가위, 물, 계량 컵, 편지지, 연필

실험 방법

1 손전등을 투명한 유리컵에 비춰요. 빛이 잘 통과하나요? 북극곰의 털도 빛을 통과시켜요. 유리컵은 또한 빛을 반사도 시켜요. 반사된 빛이 북극곰의 털이 하얗게 보이게 만들어요.

2 어떤 색들은 다른 색들보다 태양 빛을 더 잘 흡수해요. 북극곰의 피부는 털 아래에 있는데 햇빛을 가장 잘 흡수하는 색이에요. 그럼, 검은색일까요 흰색일까요?

3 알루미늄 캔을 흰 종이로 덮어요.

4 다른 캔은 검은 종이로 덮어요.

5 각각의 캔에 물 한 컵을 채워요.

6 각 캔에 온도계를 넣어요.

198

7 두 캔 모두 햇빛이 잘 드는 곳에 두어요. 가능한 한 많은 햇빛이 캔의 옆면을 비추도록 잘 기울여요. 책으로 캔을 제자리에 잘 괴요. 그러고 나서 온도계를 기울여서 직사광선을 가능한 한 덜 받게 해요.

8 각 캔 안에 있는 물의 온도를 기록해요. 30분 동안 5분마다 새로운 온도를 기록해요. 어느 색이 태양의 열기를 더 흡수하나요? 흰색인가요, 검은색인가요? 그럼 북극곰의 피부는 무슨 색일까요?

무슨 일이 생길까?

검은 깡통의 물이 하얀 깡통의 물보다 더 빨리 뜨거워져요.

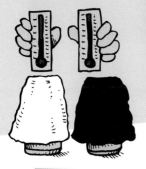

왜 그럴까?

- 검정 종이처럼 색이 어두운 물체는 하얀 물체보다 더 많은 태양 광선을 흡수해요.
- 빛 에너지가 열에너지로 바뀌어요.
- 하얀 종이는 빛이 열로 바뀌기 전에 빛을 반사해요.
- 북극곰의 털과 피부는 북극의 기후에 적응되었어요. 각 털의 줄기는 색소가 없고 속이 텅 비어 투명해요.
- 그래서 북극곰은 하얗게 보여요. 텅 빈 중심부는 얼음과 눈처럼 눈에 보이는 빛을 흩뿌리고 반사하기 때문이에요.
- 자외선에 민감한 필름으로 사진을 찍으면 북극곰은 검게 보여요.

재미있는 사실

1979년, 샌디에고 동물원의 북극곰 세 마리가 녹색으로 변했어요. 과학자들은 곰의 텅 빈 털줄기에서 녹조가 자라고 있다는 것을 알아냈어요. 비록 녹조가 곰들에게 해를 끼치지는 않았지만, 식염수로 녹조를 죽이자 털이 다시 하얀색으로 돌아왔어요.

우리 모두 작년에 녹색으로 변신하려고 했다는 걸 알아…. 올해는 정말로 잘 해 보자!

그래! 난 핑크로 할 거야…. 핫 핑크!

나는 라벤더로… 황금색 귀걸이, 검은 핸드백 그리고 커다란 꽃무늬 모자…

심심풀이 퀴즈

땅과 물 중에서 어떤 게 더 뜨거워질까요?

햇빛이 비추면 흙이 더 빨리 뜨거워져요. 땅은 물보다 색이 어둡고 열을 유지해요. 물에서는 열이 더 깊이 가고 퍼져요. 흙은 표면의 열을 유지해요. 바닷가의 뜨거운 모래를 파고 들어가면 밑의 모래는 시원해요. 햇빛은 모래를 통과할 수 없고 표면은 계속 뜨거워요.

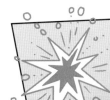

와트(watt)가 뭐지?

98

스파크

분야: 전기학

난이도: 중간

어둠 속에서 옷을 벗으면 전기 폭풍이 만들어진다는 것을 누가 생각이나 했겠어!

머리를 빗거나 옷을 벗을 때 공기에서 왜 치직 소리가 날까요?
이유를 알게 되면 짜릿할 거예요.

준비물

일 년 중에 공기가 아주 건조한 때(겨울이 좋아요. 이 실험은 공기가
습하면 잘 되지 않아요.), 가위, 슈퍼마켓에서 받은 스티로폼 그릇
(정육점이나 빵집에서 깨끗한 것으로 받아 와요), 마스킹 테이프,
파이를 포장하는 알루미늄 받침대

실험 방법

1 스티로폼 그릇의 한쪽 구석에서 한 조각 잘라요. 하키채처럼 생긴 길고
구부러진 조각으로 잘라요.

2 마스킹 테이프 조각을 잘라요.
구부러진 스티로폼 조각을 알루미늄
받침대 중앙에 붙여서 손잡이를 만들어요.

3 스티로폼 그릇의 바닥을 머리카락 위에 문질러요. 반복해서 빠르게 비벼요.

4 스티로폼 그릇을 테이블 위에서 뒤집어요.

5 손잡이를 이용해서 파이 받침대를 들어 올려요. 스티로폼 그릇 위로 약 30cm 위로 가져가서 떨어뜨려요.

6 아주 천천히 손가락 끝을 파이 받침대에 살짝 갖다 대요. 무슨 일이 생기나요? 스티로폼 그릇을 만지지 말아요. 만약 스티로폼 그릇을 건드리면 아무 일도 생기지 않을 거예요!

무슨 일이 생길까?

밝은 불꽃이 튀어요! 손잡이를 사용해서 알루미늄 받침대를 다시 들어 올려요. 손가락 끝으로 알루미늄 받침대를 건드려요. 또 다른 불꽃이 튀어요. 알루미늄 받침대에서 불꽃이 튀지 않으면 스티로폼 그릇을 머리에 문지르고 다시 시작해요. 이 실험을 어두운 곳에서 해 봐요. 작은 번개가 보이나요? 무슨 색인가요?

왜 그럴까?

- 스티로폼을 머리 위에 문지르면 머리카락에서 전자를 끌어당겨서 스티로폼 위에 쌓여요.
- 알루미늄 파이 받침대를 스티로폼 위에 올려놓으면 스티로폼에 있는 전자가 알루미늄 받침대에서 나오는 전자를 끌어당겨요.
- 금속의 전자 중 일부는 자유 전자예요. 금속 안에서 움직인다는 거지요.
- 자유 전자는 스티로폼에서 최대한 멀리 이동하려 해요.
- 알루미늄 파이 포장을 건드리면 자유 전자들이 손 쪽으로 뛰어올라요. 불꽃이 튀어요!

 재미있는 사실

1752년, 벤자민 프랭클린(Benjamin Franklin)은 뇌우 속에서 연을 날렸어요. 전기가 줄을 따라 내려왔어요. 그의 손 가까이에 있는 열쇠에 작은 불꽃을 일으켰어요. 이것은 번개가 정전기의 큰 불꽃일 뿐이라는 것을 보여 주었어요. 프랭클린은 또한 번개로부터 사람, 건물, 배를 보호하기 위해 피뢰침도 발명했어요. 하지만, 이런 실험은 집에서 해서는 안 돼요.

우리 모두가 아는 유명한 번개불이 벤자민의 연을 때리고 10초 후… 더 크고 더 강력한 번개가 그의 실험을 끝내 버렸어. 하지만, 이 사건은 벤자민이 피뢰침을 발명하게 만들었지.

전도체 만들기

99

분야: 전기학

난이도: 어려움

나의 성실하고 오래된 샌들아… 너는 전도체야 아니면 절연체야? 그것이 문제로다!

전기는 모든 것을 통과하나요?
알아봅시다.

생쥐 박사의 힌트
맨발로 전기선을 밟지 말아요. 감전될지도 몰라요.

준비물
용수철 달린 빨래집게, 건전지, 알루미늄 포일 또는 플라스틱으로 덮인 구리선,
손전등 전구, 마스킹 테이프, 가위, 자, 시험할 재료들(안전핀, 동전,
코르크, 고무줄, 나뭇잎, 물, 종이 클립, 유리, 플라스틱)

실험 방법

1 구리선을 사용하면, 다섯 번째 단계는 건너뛰어요.

2 포일을 직사각형(60cm×30cm)으로 잘라요.

3 포일을 길게 반으로 접어요. 이렇게 다섯 번 해서
60cm 길이의 얇은 띠를 만들어요.

**알루미늄 포일을
접어서 긴 띠를 만들어요.**

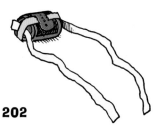

4 포일을 반을 잘라서 60cm 길이의 띠를 두 개로
만들어요.

5 두 개의 포일 띠 한쪽 끝을 건전지의 끝에 붙여요.

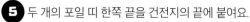

202

6 포일 띠 하나의 다른 쪽 끝으로 손전등 전구의 아래 부분의 둘레를 감싸요. 전구 끝에 있는 포일의 둘레에 빨래집게를 고정시켜요.

7 준비한 재료들이 전도체인지 시험해요. 손전등 전구 하단의 금속 팁을 재료의 한쪽 면에 갖다 대요. 동시에 포일 띠의 남은 한쪽 끝을 같은 재료의 반대편에 대요.

전구의 끝을 시험하는 물건의 위에 댄다.

무슨 일이 생길까?

어떤 재료들은 전기가 흐르게 해서 전구에 불이 들어오게 해요. 이런 재료들을 전도체라고 불러요. 철사, 금속 그리고 물뿐만 아니라 식물, 동물, 나무들처럼 생물체들은 좋은 전도체예요. 절연체는 전기가 쉽게 흐르지 못하는 재료예요. 플라스틱, 고무, 유리 같은 물건들은 좋은 절연체예요.

왜 그럴까?

- 전기 회로는 전자가 이동하는 경로예요.
- 스위치는 전자를 위한 다리 역할을 하는 재료예요.
- 회로가 스위치에 의해 닫히면, 전자는 자유롭게 이동하지 못해요.
- 회로가 열리면, 전자는 회로를 따라 이동해요.
- 좋은 전도체와 전구의 끝을 다른 쪽에 대면 회로가 열려요.
- 전자가 건전지의 음극으로부터 포일 전도체를 통해 전구까지 흘러가요.
- 전자는 전구로부터 포일을 통해서 건전지의 양극으로 되돌아가요.
- 이 시스템에 끊김이 없는 한 전자는 계속 흐르고 전구의 불은 계속 켜져 있어요.

재미있는 사실

전기는 와트(watt)라는 전력 단위로 측정돼요. 제임스 와트(James Watt)라는 사람의 이름에서 유래해요. 제임스 와트는 증기 기관을 발명했어요. 1W는 아주 적은 양의 전력이에요. 1마력과 같게 하려면 거의 750W가 필요해요. 1킬로 와트 (kilowatt)는 1000W와 같아요. 닭 한 마리가 일생 동안 만드는 배설물은 100W 전구를 다섯 시간 동안 작동시키기에 충분한 전기를 공급할 수 있어요.

그래서 전기를 측정하는 새로운 단위를 뭐라고 부르실 건가요, 선생님?

와트(watt)

선생님, 전기를 측정하는 새로운 단위요.

와트("watt"를 "what(뭐라고)?"라고 이해했음)

그만두세요…. 우리는 서로 말이 안 통하네요.

심심풀이 퀴즈

왜 천둥 번개가 치는 동안 수영을 하거나 밖에서 놀면 안 될까요?

번개는 자연에서 발생하는 전기예요. 우리는 전기의 좋은 전도체예요. 번개에 맞으면 죽을 거예요.

100

빛이 나는 풍선

분야: 전기학
난이도: 쉬움

풍선이
형광등(fluorescent light)을 만나면
어떻게 될까요?

> 빛이 나는 풍선이라니….
> 으스스해!

준비물
풍선, 형광등

실험 방법

1 풍선에 바람을 불어 넣어요. 바람이 새지 않게
잘 묶어요.

2 형광등 바깥 부분을 물로 씻어 내고 잘 말려요.

3 어두운 방에서 형광등의 한쪽 끝을 바닥에 닿게
놓아요.

4 형광등을 직각으로 잡아요. 풍선을 형광등
바깥면에 위아래로 빠르게 문질러요.

5 풍선을 형광등 가까이에 들고 있어요.

무슨 일이 생길까?

형광등이 빛을 내기 시작해요. 그 빛이 풍선의 움직임을 따라서 이동해요. 형광등이 빛나기 시작하면 풍선 근처에서도 빛이 나요.

왜 그럴까?

- 형광등의 양쪽 끝에는 작은 실 같은 것들이 있어요. 그 실들 위에 있는 화학 물질이 전류와 만나면 전기를 만들어요.
- 전기가 형광등의 한쪽 끝에서 다른 한쪽 끝으로 점프해요. 초당 120번 정도 번쩍거려요.
- 형광등 안에는 수은증기가 들어 있어요.
- 수은증기는 전류가 통과할 때 자외선을 내보내요.
- 자외선은 우리 눈에는 보이지 않아요. 그래서 형광등 내부는 인광 물질로 코팅되어 있어요. 이 코팅이 자외선 에너지를 눈에 보이는 빛 에너지로 변화시켜요. 인광 형광체(phosphor fluoresces)라고 불러요.
- 풍선을 문지르면 풍선 위에 전자가 쌓여요.
- 이것은 전기와 같은 방식으로 형광등 안의 수은증기를 충전해요.
- 충전된 수은증기는 자외선을 내뿜어요. 이것이 형광등 안에 있는 형광 화학 물질이 빛을 내게 만들어요.

재미있는 사실

최초의 손전등(flashlight)은 1896년에 발명되었어요. 손전등은 촛불이나 등유 램프보다 더 안전했어요. 촛불과 등유 램프는 쉽게 넘어져서 화재가 발생했거든요. '플래쉬라이트(flashlight)'라는 이름은 빛이 일정하게 나오지 않아서 생겨났어요. 등을 몇 초 동안 '깜빡이게' 했다가 꺼야 했어요. 전지와 전구가 오랫동안 빛을 운반할 만큼 강력하지 않았기 때문이에요.

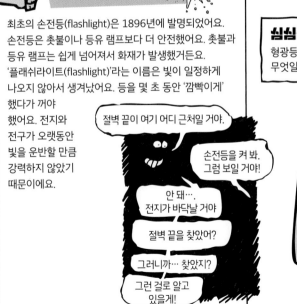

절벽 끝이 여기 어디 근처일 거야.

손전등을 켜 봐. 그럼 보일 거야!

안 돼…. 전지가 바닥날 거야

절벽 끝을 찾았어?

그러니까… 찾았지?

그런 걸로 알고 있을게!

심심풀이 퀴즈

형광등과 네온등의 차이점은 무엇일까요?

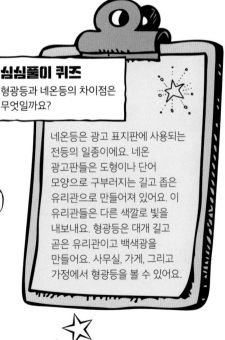

네온등은 광고 표지판에 사용되는 전등의 일종이에요. 네온 광고판들은 도형이나 단어 모양으로 구부러지는 길고 좁은 유리관으로 만들어져 있어요. 이 유리관들은 다른 색깔로 빛을 내보내요. 형광등은 대개 길고 곧은 유리관이고 백색광을 만들어요. 사무실, 가게, 그리고 가정에서 형광등을 볼 수 있어요.

아주 놀랍군!

101

분야: 전기학

난이도: 쉬움

이제 마지막 실험이야.
앉아서 쉴 거야.
음악도 듣고….

아이쿠!
대단해….
납작한
건전지라니!

친구들을 놀라게 하고 싶나요?
여기 방법이 있어요!

준비물
레몬, 키친타월, 그릇, 동전(구리를 포함하고
있는 것과 그렇지 않은 것)

실험 방법

1 레몬을 그릇에 짜요.

2 키친타월을 잘라서 아홉 개 조각(2.5cm×5cm)을 준비해요.

3 키친타월 조각들을 레몬즙에
적셔요.

4 구리를 포함하고 있는 동전을 내려놓아요. 레몬즙에 적신 종이 조각을 동전 위에 올려놓아요.

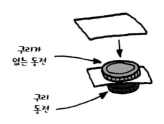

구리가 없는 동전

구리 동전

5 그 종이 위에 구리를 포함하고 있지 않은 동전을 올려놓아요. 그 위에 레몬즙에 적신 종이 조각을 올려놓아요.

6 열 개의 동전으로 탑을 쌓을 때까지 4단계와 5단계를 반복해요. 구리를 포함한 동전 다섯 개와 그렇지 않은 동전 다섯 개를 사용해요.

7 양손의 손가락 하나의 끝을 적셔요.

8 두 손가락으로 동전 탑을 들어 올려요. 무엇이 느껴지나요?

무슨 일이 생길까?

작은 전기 충격이 느껴져요. 여러분이 습식 전지를 만들었기 때문이에요. 습식 전지는 건전지가 발명될 때까지 사용되었어요.

지지지지...   지지지지...

왜 그럴까?

- 두 유형의 동전에 있는 다른 금속들은 원자에서 서로 다른 전기적 강도를 가지고 있어요.
- 레몬즙은 약한 산성이고 두 개의 다른 동전들 사이에 전류가 통하게 해요.
- 동전을 다섯 세트씩 서로 쌓아 올려서 건전지의 전기 전압을 증가시켰어요. 손전등이나 라디오에 배터리를 여러 개 넣을 때 하는 것과 같아요.

재미있는 사실

전기 뱀장어가 만드는 충격은 약 650볼트(volt)정도예요. 말을 죽이고 코끼리에게 심한 충격을 줄 정도로 강력해요.

전 세계 물웅덩이들 중에서… 전기 뱀장어가 살고 있는 웅덩이 안으로 들어가야만 하다니!

수영 금지 전기 뱀장어가 살고 있음

심심풀이 퀴즈

컴퓨터는 왜 건전지가 필요할까요? 벽에 있는 플러그로부터 모든 전력을 가져오지 못하는 걸까요?

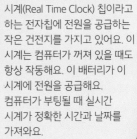

대부분의 컴퓨터들은 실시간 시계(Real Time Clock) 칩이라고 하는 전자칩에 전원을 공급하는 작은 건전지를 가지고 있어요. 이 시계는 컴퓨터가 꺼져 있을 때도 항상 작동해요. 이 배터리가 이 시계에 전원을 공급해요. 컴퓨터가 부팅될 때 실시간 시계가 정확한 시간과 날짜를 가져와요.